創局

從揉麵糰的學徒到烘焙銷售王，
打造永恆的爆品、可複製的創業致勝秘訣

行動創業家 **劉俊男** ◎ 著

Contents 目錄

【推薦序】（依來稿順序排列）

1. 從農田到餐桌，那分手作烘焙的溫度 —— 10
   陳威宇／宏捷食品有限公司業務總監

2. 在香氣中築夢，在行銷中發光：一位實戰經營者的誠摯推薦 —— 12
   周永祥／吉鮮商行 董事長

3. 烘焙職人的品牌進化之路：熱情揉出希望，行動烘出未來 —— 14
   楊正存／拌伴餐飲有限公司董事長

4. 烘焙事業與家庭都不缺席的雙線超人 —— 16
   張錦豪／新北市議員

5. 邊做邊修正的創業行動力，才能做對關鍵選擇 —— 17
   李承宏／新北市租賃住宅服務商業同業公會監事

6. 俊男式品牌力：用烘焙思維打造爆品銷售王 —— 18
   殷海汶／第一餐盒公司董事長

7. 從熱愛到引領：烘焙銷售王的啟發力量 —— 20
   李志豪／CH PAINPAIN 主理人

8. 棒球場邊的麵包香：我眼中的劉爸 —— 22
   邱耀宇／二重國中棒球隊總教練

9. 職人精神的跨界體現：從棒球到烘焙的熱情延伸 —— 23
   耿伯軒／美國職棒聖地牙哥教士隊球探

10. 從烘焙坊到棒球場：銷售王的另一場熱血戰役 —— 24
    梁宏翔／金龍國小棒球隊總教練

11. 全心投入，創造自己的球賽，勝出每場人生局 —— 26
    張耀騰／汐止國小棒球隊總教練

【作者序】

一條完全可複製的創局之路：我從學徒到品牌舵手的實戰筆記 —— 27

Part 1　初心與養成｜從抗拒到熱愛的啟航旅程 ——— 31

第一章　從討厭到熱愛：我的烘焙原點 32

麵包世家的童年壓力　32

學徒生涯的洗禮與晉升軌跡　34

北上台北：從地方市場走向技術核心所在地　36

第二章　野球教會我的「團隊經營學」37

父子兩代和棒球的奇妙緣分　37

從家長到會長：熱血翻轉金龍國小棒球隊　41

棒球教會我的「團隊經營學」　46

 Part 2　職人進化論｜從學徒到多功能管理者 ——— 49

第三章　從三手到總監：站穩職場的底層邏輯 50

從分店職務到中央工廠的生產協作挑　50

七店聯動、百人協作：如何安排才有效？　52

教育新血：管理建教生與外籍員工的體悟　53

管理不只是指揮，而是價值交換　54

跳槽後再度回歸　56

第四章　我如何成為「多功能管理者」 57
　　　　角色跨升：從師傅變經理　不靠頭銜靠能力　57
　　　　「多功能」是市場對職人的期待　59

第五章　展翅高飛：參賽與國際視野的躍升 62
　　　　人生中第一次正式比賽　62
　　　　時候到了，真正展翅　65

第六章　烘焙不能憑感覺，我的策略和標準 67
　　　　規模擴大後品質的穩定不能靠感覺　67
　　　　吳寶春效應：品牌價值是由信任堆積而成　69
　　　　生乳吐司的爆紅是經過設計的行銷實驗　69
　　　　快閃店與百貨捷運站：我怎麼選戰場？　71
　　　　消費者吃不出原料差，但會記得你是誰　71

第七章　從父親的烘焙到我的品牌之路 73
　　　　父親的「一匙糖」與我的「精準比例」　73
　　　　我對未來麵包產業的觀察與建議　76
　　　　你也想創業？提醒你五件事　76

Part 3　市場突圍術：從敗績中逆轉的爆品行銷 —— 79

第八章　從歐風落敗到髒髒包爆賣的行銷轉型　80

第一代：街邊社區型麵包店　80

第二代：開始連鎖經營　83

不是開店失敗，是學到了行銷第一課　86

第九章　髒髒包奇蹟與團購模式發展　91

電商崛起：「髒髒包」引爆市場　91

新天地：轉向團購通路　94

爆品案例：千層吐司、斑蘭蛋糕　97

Part 4　品牌再造力：系統化經營與未來藍圖 —— 99

第十章　整合行銷與快閃店策略　100

第五代：進入品牌整合與爆品量產期　100

無心插柳的快閃店策略　102

第十一章　從陌生開發到全台知名品牌　108

陌生開發不是賣產品，而是累積信任與實力　108

給你從創意到爆品的完整商業地圖　112

第十二章　未來的行銷及連鎖加盟計畫　114
　　　　　整合營運架構的新型行銷模式　114
　　　　　下一階段的行銷經營藍圖　117
　　　　　未來連鎖加盟計畫　119

Part 5　爆品研發室：食譜創新 × 商業模式 ── 121

第十三章　品牌的商業模式與合作對象　122
　　　　　爆品帶動的合作模式　122
　　　　　與行銷公司的互信關係　123
　　　　　持續創造爆品吸引通路　124

第十四章　深度創新：打造爆品的行銷模式　126
　　　　　靈感從哪裡來？我的情報蒐集法則　126
　　　　　創新不是從 0 到 1，無中生有　129

第十五章　什麼叫「爆品」？　134
　　　　　我訂下的業績標準　134
　　　　　打造永續商業模式：我不是代工，我是整合者　138

Part 6　爆品全公開：30款不藏私熱銷配方——141

第一章　經典款｜傳承中的永恆記憶　142

菠蘿麵包 144
外酥內軟 永遠不敗

紅豆麵包 146
甜而不膩的經典回憶

奶酥麵包 148
濃郁香甜 老少咸宜

香蔥麵包 150
鹹香回憶 每天必吃

墨西哥麵包 152
甜香酥脆的童年味

克林姆（卡仕達）麵包 154
柔軟香甜的安心味

起酥（肉鬆）麵包 156
麵包香柔＆可頌酥脆

奶油哈斯麵包 158
歐風軟香 餘韻無窮

芋泥麵包 160
綿密香芋爆餡系

香蒜金磚麵包 162
濃郁蒜香超療癒！

第二章　流行款｜風靡市場的不敗爆品　164

布丁蛋糕經典款 168
黃金比例超平衡

菠蘿泡芙 170
外酥內滑 雙重口感

桂圓核桃蛋糕 166
養生系送禮首選

小雞餅 172
Q萌造型送禮王者

髒髒包 174
可可粉沾滿指尖 幸福整點

千層生乳吐司 176
層層爆擊的冠軍款

韓國麵包 QQ 球 178
Q彈三吃超有趣

冰心維也納麵包 180
柔韌帶勁 滿嘴奶油香

蒜蒜包 182
蒜香濃厚再升級

堅果塔 184
酥脆塔皮 × 滿滿堅果

第三章　未來款｜下一波熱潮的創味研發　186

斑蘭蛋糕 190
南洋風味 綠色魅力

麻糬地瓜燒 192
細緻綿密 懷舊新吃

布丁蛋糕可麗露 188
傳統創新 混搭風尚

難哄草莓蛋糕 194
戀愛告白限定版

招財貓雙餅堡 196
可愛造型財運到

芒果荷包蛋蛋糕 198
夏日甜心 美少女最愛

檸檬布蕾堡 200
脆滑酸甜 陽光在裡面

爆漿菠蘿餐包 202
一口咬下，爆出幸福！

肉鬆芋泥蛋糕 204
鹹甜混合 豐富滋味

貓爪烤年糕 206
皇阿瑪足跡，萌到心坎裡

推薦序 1（依來稿順序排列）

從農田到餐桌，那分手作烘焙的溫度

陳威宇／宏捷食品有限公司業務總監

我與劉俊男老闆的緣分，始於一次意義非凡的台灣小麥種植活動。那天，艷陽高照，我們脫下鞋襪，赤腳站在濕潤鬆軟的泥土中，親手將一株株台灣小麥幼苗輕輕種下。那是一種很純粹的接地氣感受，而就在這片土地上，我聽見他說了一句令我難忘的話：「要真正了解烘焙，就得從源頭──小麥，開始學起。」

從那天起，我見證了他對每一項細節錙銖必較的態度，也體會到他對烘焙的熱愛早已深植骨髓。從田間地頭到烘焙工坊，每個步驟、細節他總是親力親為、全心投入。這種精益求精與一絲不苟的精神，是我在業界多年來難得一見的。那種職人魂，不僅感動我，也說服我，我們一定要一起做點什麼。

我記得特別清楚，在 2019 年底，疫情如風暴般席捲全球，台灣也陷入停班停課的動盪不安。在那樣人心惶惶、供應鏈混亂的時刻，我們沒有退縮，反而看見了危機中的機會。透過幾通電話，我們快速做出決策，義無反顧地啟動雙方首次正式合作──直播導購計畫。

這不只是「賣產品」這麼簡單。我們從零開始，一起討論商品開發，思考如何透過在地食材講出「台灣味」的品牌故事；邀請明星與網

紅合作、建立口碑，也同步優化宅配物流與後端流程。那段時間，我們幾乎天天通電話、開會、對帳，白天跑通路、晚上改文案，絲毫不敢鬆懈。每一個細節都像踩在鋼索上，一不小心就是全盤皆輸。我們不再只是「合作夥伴」，反而成為真正的患難與共、風雨同舟的戰友。

轉眼多年過去了，他在烘焙界的聲勢越來越盛且穩固。他不只深耕百貨通路，更在烘焙行銷界闖出一條極具識別度的路。他從不複製別人的成功模式，而是持續嘗試、學習、優化、創造，走出屬於劉俊男獨有的品牌路線。這條路說難不難，說簡單也不簡單，**關鍵就在於一顆不變的初心——讓每一口麵包，都吃得到職人精神與人情味。**

如今，他選擇將這一路的甘苦、經驗與智慧，寫成本書與每位懷抱夢想的烘焙人分享。這不只是一部品牌故事的紀錄，更是一分誠懇的邀請。他不藏私、不包裝，而是用最真實的語言與思考，告訴大家：成功不難，只要方向正確、方法得宜，人人都能在烘焙的世界裡走出屬於自己的圈子。

我相信，這本書能成為許多創業者、烘焙人的指南與鼓勵。無論你是剛入行的新手，還是苦撐多年的老闆，或是正在思考轉型與突破的品牌經營者，都能從中找到你需要的方向感與信心。

謝謝俊男，謝謝你從不吝於分享。你讓我們知道，從農田到餐桌，那分手作的溫度，永遠無可取代。

 **推薦序 2**

在香氣中築夢，在行銷中發光：
一位實戰經營者的誠摯推薦

周永祥／吉鮮商行 董事長

與俊男的合作，始於兩年多前的一次產品開發契機。當時，我第一次接觸他的品牌，便深受其背後的理念打動：「用最純真的心，做最溫暖的麵包」。這句話不只是口號，更是俊男品牌自 2014 年創立以來始終如一的堅持。

他們以幫助弱勢、推廣健康為初心，將這分善念揉進每一顆手作麵包裡，不論是食材的選用、製程的把關，還是對消費者的回饋，都展現出無比的誠意與溫度。這樣的理念，不僅溫暖了人心，更構築出品牌堅實的靈魂。

在過去兩年中，我有幸與這樣的團隊緊密合作，共同開發超過二十款熱銷商品，並親眼見證這些產品如何從默默無聞，透過不斷修正、測試、上架，再到成為市場上搶手的明星品項。這一切不只是創意的實現，更是理念的落地與堅持的成果。

作為白手起家的實戰創業者，我深知「會做」與「會賣」之間的距離有多遠。市場不等人，消費者的注意力有限，再好的產品若無法被看見，也難以轉化為商機。本書正是為了解決這個關鍵痛點而誕生的。

俊男做為本書的作者，不僅是一位技術扎實的烘焙師傅，更也是一位懂得如何解讀市場、如何打造話題與通路的實戰型創業家。他將自身十餘年的經驗濃縮其中，無私分享從產品開發、包裝設計、定價策略、到社群經營與行銷資源整合的每一個關鍵步驟。

書中所精選的三十道熱銷產品，也不是憑空杜撰的靈感，而是經過實地市場檢驗、具高度商業轉化潛力的實戰菜單。它們既保留了手作的溫度，也兼具量產的效率，特別適合想開設烘焙店、進行商品化開發，甚至想跨足電商或團購通路的創業者使用。

我推薦這本書，不只是因為它內容實用、資訊扎實，更因為它體現了我始終相信的一句話：

好的產品，值得被看見；好的理念，值得被實踐。

而俊男的品牌，正是這句話最真實、最動人的體現。

在這個充滿挑戰與競爭的市場裡，我衷心期盼更多烘焙創業者能透過本書，走出屬於自己的一條路，從不確定中找出節奏，從試錯中找到解方，也從每一次製作與販售的過程中，看見「夢想」真正被看見、被實現的那一刻。

願這本書，成為你烘焙創業旅途中的明燈，也是你邁向「銷售王」之路上最實用的夥伴。

| 推薦序 3

烘焙職人的品牌進化之路：
熱情揉出希望，行動烘出未來

楊正存／拌伴餐飲有限公司董事長

我與劉俊男老闆的合作緣起，來自一次簡單的商品提案。但就在第一次正式接觸後，我便深刻感受到他身上那股難得的積極能量與行動力。不是靠語言表現出來的熱情，而是他全心投入的姿態、對每一個環節精準掌握的能力，以及在任何時刻都能快速應對問題的敏捷反應。

身為合作廠商，我有幸與他一同參與多項專案與開發計畫。無論是企業合作、品牌共創，還是供應鏈端的整合，每一次的合作經驗，都讓我對他更加敬佩。他總是能在第一時間看穿問題核心，並以敏銳的觀察力、高效率的執行力，提出務實、具體且創新的解決方案。

俊男擁有一種很特別的特質，那就是「行動中的創意者」。他從不安於現狀，總是不斷思考如何打破框架、創造新價值。他對市場的觀察相當細膩，常常能從生活中看似平凡的現象中，發掘潛藏的商機與靈感。而最令人佩服的是，他不只是點子多而已——他更是那種想到就做、說幹就幹的人。**他的創新從不僅止於理論層面，而是能迅速轉化為實際成果，從而不斷累積品牌的競爭力。**

我常開玩笑說：「他腦袋根本是台不關機的點子工廠！」每天都有

新點子，每次見面都能從他口中聽到新的想法與實驗，而這些想法幾乎都能快速落地執行，甚至成為市場上的熱銷品。這樣的效率與行動力，在餐飲與烘焙業界中，實屬罕見。

在合作的過程中，他也展現出令人佩服的抗壓力與正向態度。無論遇到多麼棘手或突發的挑戰，總能冷靜應對，帶著笑容說：「好，我們來解決它。」他從不逃避、不拖延，反而把每一次困難視為一次成長的機會。這種態度也深深感染著團隊，他是一位真正懂得領導的人，不靠職權，而是用信任、尊重與實際行動，帶動身邊的人一起向前走。

除了事業上的卓越表現，我更敬佩他在家庭角色上的投入。俊男老闆的孩子熱愛棒球，而他身為父親，不論多忙，總會設法安排時間參與孩子的練習與比賽。他用實際行動詮釋了「事業與家庭可以並行不悖」的最佳典範。他的這分溫柔與堅定，也正是他在職場上始終保持熱情與源源不絕動能的來源。

如今，他選擇將這些年來在烘焙產業與銷售領域的實戰經驗、心法與反思，集結成書，寫下本書。我相信，這本書不僅是一本專業的經營寶典，更像是一位走過實戰現場的導師，將他的所見所思，誠懇地分享給每一位正在創業、轉型或摸索方向的餐飲人。這不只是一部「烘焙故事」，更是一分充滿力量的創業精神紀錄。我非常敬佩這位作者──劉俊男，也誠摯推薦這本書。

推薦序 4

烘焙事業與家庭都不缺席的雙線超人

張錦豪／新北市議員

先說結論：劉俊男是我認識的人當中，極少數能同時兼顧事業衝刺與家庭參與的「雙線超人」。

我與俊男的緣分，起於一件對金龍國小棒球隊而言意義重大的事——籌辦專屬校車。為了解決孩子們比賽與訓練的交通問題，我們一同投入大量心力與時間，終於促成這樁美事。過程中，我逐漸認識這位熱心、踏實的家長，進而發現，他的本職竟是一位專業的烘焙師！

這些年來，看著俊男一路走來，我親眼見證他如何從烘焙世家的第二代，脫胎換骨、開創自我。他不只是傳承手藝，更勇於創新——從髒髒包、千層生乳吐司到爆漿菠蘿餐包，每一項熱賣產品背後，都是他對市場的敏銳觀察與快速應變的結果。

但讓我更敬佩的是，在衝刺事業的同時，他從未缺席家庭與社區。**在他身上，你會看到一種難得的平衡感——既有事業成就，也有生活溫度。**

這次受邀為俊男的新書作序，我感到非常榮幸。本書不只是一部個人創業紀實，更是一分無私的經驗分享。我相信，只要對創業、對夢想懷抱熱情，這本書都將帶給你啟發與行動的力量，我全力推薦。

推薦序 5

邊做邊修正的創業行動力，
才能做對關鍵選擇

李承宏／新北市租賃住宅服務商業同業公會監事

　　我第一次遇見俊男兄，是在金龍國小的階梯教室裡。他以家長會長的身份，向我們介紹家長會幹部、說明過去一年為學生們所做的努力。那場演講本來只是例行公事，卻意外讓我留下深刻印象。俊男哥詼諧幽默，清楚交代每項工作成果，把原本枯燥的財報講得生動有趣、重點分明。整場演說節奏緊湊、主軸清晰，讓人忍不住專注聆聽到最後。會後，我主動走上前去認識他，加入了這個讓我成長的團隊。

　　我在他身上學到最多的，是他驚人的行動力。他不是那種只會「想」的人，而是說做就做、邊做邊修正、邊實驗邊前進。然後逐漸成形為一項成果。與他共事不僅讓我佩服，也促使我不斷自我提升。

　　本書不僅紀錄了俊男兄的創業歷程，更濃縮了他一路走來的思維轉折與行動邏輯。**我們或許無法複製他的每一段經歷，但能透過這本書，一窺他在關鍵時刻如何做出正確選擇的內在思維。**而這些選擇背後，正是累積多年的經驗與歷練。

　　這本書值得每一位想努力走出自己路的人細讀，也值得我們學會：成功，不是偶然，而是不斷做對選擇的結果。

| 推薦序 6

俊男式品牌力：
用烘焙思維打造爆品銷售王

殷海汶／第一餐盒公司董事長

我認識俊男，是在新北市金龍國小。當時他是學校的家長會會長，而我則從事學童營養午餐的相關業務。後來，我們公司在餐點設計上開始思考是否能加入些甜點與麵包，於是我第一個想到的人就是他。我主動找他合作，那一次的合作，成為我們更深入了解彼此、也開始長期合作的起點。

從那時起，我親眼見證他從一間街角的小烘焙坊，如何一步步擴展成擁有設備齊全、生產穩定的烘焙工廠。他不只提升產能，還開發出許多受市場歡迎的商品，其中不乏熱銷爆款。他處理事情積極主動，思路清晰，行動迅速，每次跟他見面，我都能從他身上感受到強烈的創業動能與創新思維。他的腦袋，彷彿永遠沒有休息的一刻，總在尋找下一個突破的可能。

我們都明白，餐飲業從來不是輕鬆的行業。這是一條沒有假日、沒有真正下班時間的路，每天都在面對新的挑戰與瑣碎細節。光是撐下來，就已經不簡單，更何況還要持續突破與進化。

所以我特別能理解他背後的辛苦，也特別能感受到他的成長有多

麼不容易。俊男這幾年的蛻變與進步,我全都看在眼裡、感動在心裡。他不僅讓一間小店升級為專業烘焙品牌,更讓我們看到,一位創業者可以在穩定與創新之間取得漂亮的平衡,既能穩扎穩打,也不忘追求下一個高峰,形塑出來屬於他獨有的劉俊男式的品牌力——用烘焙思維打造爆品銷售王。

而我最佩服他的,不只是對事業的堅持,而是他願意分享。他選擇透過本書把自己一路以來的實戰經驗、思考邏輯、轉型策略毫無保留地記錄下來。**這不只是一本關於烘焙的書,更是一份屬於台灣餐飲人、創業者的精神筆記。**

我相信,這本書裡的每一個章節、每一個轉折,都會讓從業者產生共鳴:面對瞬息萬變的市場,我們該如何應變?如何創造差異?如何走得久、撐得住、做得好?俊男用他親身走過的經驗,給出了一種可能的答案。

身為同行與朋友,我衷心祝福這本書能夠大賣,讓更多人看見台灣烘焙業背後的用心與堅持,也讓社會看見餐飲產業其實可以很專業、很精緻、也很有高度。俊男的努力,不僅值得被肯定,更值得被更多人看見與學習。

| 推薦序 7

從熱愛到引領：
烘焙銷售王的啟發力量

李志豪／CH PAINPAIN 主理人

　　與劉俊男師傅的相識，是在多年前一次前往法國進修的旅程中。那時的我，還是一位對烘焙懷抱理想、卻經驗尚淺的新手，而他，早已在烘焙業深耕多年，卻始終懷抱一分真誠與熱情，對待每個後進都像朋友一般。那分溫暖與謙和的態度，讓我從一開始就深受感動。

　　我記得初見俊男師傅時，他的眼神閃著光芒，那不是一般業者的精明，而是一種發自內心的熱愛與使命感。他談起烘焙的語氣中，帶著一種極具感染力的熱情與堅持。那趟旅程裡，我們一起走訪了無數麵包坊、參觀歐洲市場，也一起在小餐館裡討論著未來的可能。

　　與他同行，不只是見識世界，更是一場思想的洗禮。他不僅主動分享自己的實作經驗，更樂於談論品牌經營、門市營運、團隊管理、顧客經驗，乃至於財務與行銷策略等層面，讓我第一次深刻體會到：「**烘焙**」不只是手藝，更是一門需要全方位整合判斷力與執行力的事業。

　　回國後，我們各自投入自己的品牌與門店經營。創業的路總是不斷面對挑戰，從選品、研發、人事、營運到顧客關係，每一步都充滿試煉。如今他將這些年來的寶貴經驗與深度思考，完整集結成書。本書不

只是一位麵包職人的生命歷程，更是一部從實戰出發的品牌經營藍圖。他在書中毫不藏私地揭露自己如何從傳統烘焙業脫胎換骨，在看似飽和的市場中打造出差異化，並建立起與顧客長久連結的策略。書中不僅有他的勝利經驗，也誠實呈現那些曾經面對的困境、誤判與修正。這種真誠，是我認為本書最可貴的地方。

除了經營思維，俊男師傅更讓我佩服的是他對產業的整體關懷。他不只想把自己的店做好，更期待透過分享與交流，讓整個烘焙產業升級、讓更多創業者不再孤軍奮戰。這樣的格局與心胸，在今天這個競爭激烈的市場中，顯得彌足珍貴。

這本書不只是一本成功者回顧的作品，更是一盞照亮未來的燈。我相信，這本書將會是許多烘焙人、創業者，甚至是所有正在打造自我品牌與價值的中小企業主的一道轉捩點。不論你現在處在哪個階段，這本書都能給你啟發與指引。

謝謝俊男哥，也恭喜這本書即將問世。這是屬於你的榮耀時刻，也將是我們產業共同進化的重要起點。願這分熱情與智慧，能夠透過這本書，繼續點燃更多人的創業魂、經營魂，讓更多「烘焙銷售王」在未來誕生

推薦序 8

棒球場邊的麵包香：我眼中的劉爸

邱耀宇／二重國中棒球隊總教練

我認識劉俊男劉爸，是因為他的兒子加入了我們新北市二重國中的棒球隊。起初，他只是熱心參與球隊活動的家長，總是在場邊默默幫忙、為球員加油打氣。但隨著時間過去，他不只是「出現在場邊」，更成為我們球隊最堅實、最溫暖的後盾。

他從不張揚，卻總在孩子需要的時候出現；我常說，真正關心孩子的父母，不在於說了多少，而是願意用時間和行動去參與。而劉爸，就是這樣的一位典範。

後來，他帶來自己親手烘焙的麵包，我才真正認識了他另一個身分——不只是好爸爸，更是一位手藝超群的烘焙職人。其實，**烘焙與棒球有許多共通點：都需要耐心、熱情，也都要靠日復一日的練習與累積**。劉爸在麵團裡下的功夫，就跟他在孩子身上投注的心力一樣多，都是細水長流、一步一腳印的累積。

現在，他即將出版自己的書，將這些年來的烘焙心法與實戰經驗分享出來。我由衷為他感到高興，也相信這本書不只是關於麵包，更是關於一位父親、創業者、夥伴，用生命實踐熱愛與責任的故事。希望每位讀者都能透過書頁，感受到他那分樸實卻強大的力量，我樂於推薦。

推薦序 9

職人精神的跨界體現：
從棒球到烘焙的熱情延伸

耿伯軒／美國職棒聖地牙哥教士隊球探

我認識劉俊男師傅，是在棒球場上。當時他是金龍國小的家長會會長，也是球隊最熱心的支援者之一。我們經常安排友誼賽，每次比賽後，他總會親自準備點心招待球員。每回一開箱，小朋友們總是搶著吃，吃完還不忘問一句：「下次還會有嗎？」

不只點心，他對球隊的投入也是全方位的。場上場下，無論是接送孩子、協助比賽安排，還是支援後勤，他總是親力親為。有時我也會私下向他請教球隊管理、家長溝通的經驗，他總是毫不藏私。

近幾年，看著他在烘焙事業上大步向前，不只感到佩服，也感到驕傲。他不斷創新、突破，不只是做出好吃的麵包，而是做出了一個品牌、一份影響力。我個人最喜歡他的千層吐司，每次吃都能感受到那種層層堆疊、細緻堅持的精神。甚至我住在美國的朋友，每次返台都一定要扛上一箱，帶回去慢慢品嚐。

本書不只是一本關於烘焙的書，更是一本關於熱情、堅持與創造力的真實故事。無論你是不是烘焙愛好者，我相信你都會在這本書裡找到值得收藏的一頁，我個人都非常贊同且推薦給大家。

| 推薦序 10

從烘焙坊到棒球場：
銷售王的另一場熱血戰役

梁宏翔／金龍國小棒球隊總教練

　　劉俊男會長，是我心中最值得敬佩的一位父親與創業者。原本他只是一位熱愛家庭、生活的麵包店老闆，卻因為單純想多陪孩子，踏入了截然不同的棒球世界。他不僅陪著孩子一起打球，也一路陪伴協助金龍國小棒球隊重新站起，甚至躍升為全國知名隊伍。

　　為了讓時僅三年級的兒子遠離手遊的誘惑，也希望能在忙碌的工作之外，有更多時間與孩子相處，便讓兒子加入了學校的棒球隊。沒想到，這個看似簡單的選擇，成為了一段精彩又深刻的故事的開端。

　　但其實，他與金龍國小棒球隊的緣分，早在兒子還在襁褓之中就已悄然種下。十多年前的一個傍晚，劉媽推著嬰兒車在球場旁散步時，竟被一顆強勁的界外球直擊嬰兒車！雖然最後並無大礙，但這段驚險的初遇，彷彿命運早已寫好劇本，註定他們一家與棒球結下不解之緣。

　　小男孩初入球隊時我們球隊人數不足十五人，設備簡陋，經費短缺，但會長明白，體育對孩子不只是運動，更是一場性格與人生成長的修行。他以經營麵包店的精神與堅持，鼓勵我還協助我強化球隊體質，要我專心認真訓練球隊，其他方面就交給他。不僅開始四處奔走募資、

捐款,還親自接送球員、煮飯照顧孩子、與校方溝通,成了球隊最可靠的後盾。他也用行動證明了什麼叫做「球隊是我的第二個家」。這些我點滴在心頭,感激莫名。

多年下來,我們的堅持終於開始開花結果。球隊成功爭取到華南金控代表權,成為新北市重點發展隊伍,還擔任原住民運動會的組訓責任隊。今年更在全國軟式聯賽中勇奪第七名,創下歷史佳績。除了成績,校車、宿舍與各項設備也逐步完備,孩子們能夠在安全、穩定的環境下專心追夢,這一切,都有賴會長的默默耕耘與無私奉獻。

最難得的是,即使兒子已經畢業,會長依然毫無保留持續支持球隊。他說:「孩子畢業了,但這些球隊的孩子,都像是我自己的小孩一樣。」他的身影與精神,早已深植在每一位家長與球員的心中,帶動更多人投入、協助、傳承這分熱情。

我常說,俊男會長不只是孩子們的靠山,更是我們整個金龍國小棒球隊的守護者。他用一顆麵包店主的心,烘焙出無數孩子的人生希望。他也讓我們相信,**只要有熱情、有堅持,即使來自零資源的小球隊,也能在風雨中發光。**

謹代表所有金龍少棒的成員、教練、家長與球員們,向劉俊男會長致上最誠摯的感謝與敬意。謝謝你,會長——你是我們心中真正的MVP!

 推薦序 11

全心投入，創造自己的球賽，勝出每場人生局

張耀騰／前奧運國手、汐止國小棒球隊總教練

我和劉俊男會長的緣分，始於我們共同關注的一支球隊——金龍國小棒球隊。將近二十年前，這支隊伍正處於草創期，面臨人數不足、行政混亂、經費短缺等種種困境。我當時受邀協助建立基本雛形，而多年後，讓我感動的是劉俊男會長的出現。他毫無保留地投入時間與資源，協助教練團重建球隊，還委請張錦豪議員爭取到球隊專屬巴士，讓球隊再度站穩腳步。他是真正願意為基層體育付出的企業家，讓我深感敬佩。

我常說：「球隊可以不在意名次，但不能沒有願意陪伴的力量。」劉俊男會長就是這股力量。他不只在體育教育上身體力行，背後更有一段堅毅不拔的創業歷程。從台東出發的小學徒，一步一腳印靠雙手闖蕩、創業，打造出屬於自己的烘焙事業。他對產品的專注與對市場的敏感，絲毫不輸球場上的戰術思維。

我誠摯推薦這本書給所有仍在奮鬥中的朋友。無論你是否從事烘焙或創業，都能從中看見一個人如何用耐心與熱情，在人生這場球賽中，創出屬於自己的勝局，走出屬於自己的「爆品人生」。

| 作者序

一條完全可複製的創局之路：
我從學徒到品牌舵手的實戰筆記

如果你曾在社群上滑過一張照片：一個人滿手可可粉、咬著沾滿巧克力的髒髒包，那麼，也許我們的交集，早已在無聲中開始。

我是劉俊男，一位從小在麵粉堆長大、發誓不再做麵包，卻又義無反顧重返這條路的麵包師傅。我曾是那個拿著抹布洗模具、默默搬麵粉的學徒，後來成為了一位願意走進球場、為孩子加油的父親，也是一個在轉角處不斷找路、找突破的創業者。

這本書是我這些年從烘焙現場、團購市場、創業路途中走出來的實戰筆記，不是什麼一帆風順的成功故事，而是一條從學徒走到品牌舵手、從滯銷走向爆品、從默默無名到全台鋪點的創局之路。

第一款爆品不是產品，是轉念

我創業的第一階段，只想把麵包做好。但後來我發現，產品再好，沒人看見，一切等於零。

某一次產品滯銷，我沮喪地說：「我們不是做得不好，而是沒人注意到。」那一刻，我下定決心：不能只當職人，還要學會當品牌經營

 作者序

者。於是，我開始學行銷、學包裝、跑市場問卷，只為搞懂「什麼會讓顧客多看一眼？什麼會讓他們掏出錢包？」

那時，韓國流行起一款會沾手的「髒髒包」。我敏銳察覺這不只是產品，更是一種話題與行為設計。我迅速研發屬於我們版本的「爆餡髒髒包」，結合可可視覺衝擊與拍照分享，短短數週就在美安平台創下數百萬業績。這是我人生中第一款真正意義上的「爆品」，也是我創業的第一個「局」。

這次的成功，讓我徹底體會到：爆品不是憑運氣，而是設計；不是等來的，而是創造出來的。

可複製的爆品，來自系統的流程

一款爆品可以打開市場，但品牌要長久，靠的是可複製、可預測、可調整的流程。這幾年我建構出自己的爆品策略：

- 靈感來源要快——關注趨勢與生活需求
- 研發測試要精準——每個版本都做多款測試
- 行銷故事要動人——把產品說成情感的載體
- 通路選擇要靈活——網路、快閃、聯名都要會玩
- 數據管理要到位——每個改版都有數據依據

我們從社區麵包店走到連鎖鋪點，靠的不是背景，而是邊做邊修

的勇氣與執行力。我用「一顆麵包、一個故事、一個體驗」的方式，開發了千層吐司、全壘打麵包、球隊聯名麵包等多款熱銷品項，每一款背後都有「人」的情感，而不只是味道。

從職人到品牌，從爸爸到創業者

很多人問我：「你為什麼還有時間陪孩子打球？」

其實，是棒球改變了我。孩子在金龍少棒隊時，我為了多陪他，一腳踏進了棒球圈。從接送練球到幫球隊爭取隊巴，我漸漸發現：「經營球隊和經營事業，本質一樣，都需要願意扛責任的人。」

我把從球場學到的「板凳深度」、「賽後檢討」與「戰術靈活」全部轉化到品牌經營中，甚至開發了「全壘打麵包」「球隊聯名款」等商品，把烘焙變成有情感、有故事的事業。

我是父親、是創業者、也是一個從市場裡學功課的職人。我不敢說自己是最厲害的，但我相信自己是最用心的。

新型態行銷與連鎖加盟體系，是下一局的開始

這幾年，我也開始導入新型態行銷模式，善用社群影音、直播帶貨、短影音預告新品，讓原本只能靠現場銷售的烘焙商品，轉化為具話題性與社群擴散力的內容。我們也投入系統設計，讓爆品可以快速複

 作者序

製、生產穩定、品牌一致。這一切,都是為了下一步——打造可落地、可獲利、可永續的連鎖加盟體系。

未來,我希望把這套經驗分享給更多有志投入烘焙創業的人,讓每一間加盟店,都能做出一樣好吃、好賣、會說故事的麵包,也讓「烘焙銷售王」成為真正可被複製的成功範例。

寫給你:正準備創局的人

這本書獻給所有在創業路上還在尋找方法的你。

如果你正在經營麵包店、甜點店、或其他實體品牌,希望突破現有框架,這本書會給你實戰的爆品策略。

如果你還沒開始,但對烘焙或品牌經營有興趣,這本書會幫你少走彎路。

如果你已經在創業的路上載浮載沉,這本書會讓你知道,你不是孤單一人。

如果你也準備好了,歡迎翻開這本書,從第一頁開始,一起走這條「烘焙 × 行銷 × 創業」的實戰之路,進入我們共同的創局時代。

Part 1

初心與養成
從抗拒到熱愛
的啟航旅程

一開始,我對麵包的印象並不美好——它是童年勞動與壓力的象徵,是我曾經極力逃避的命運。沒想到,命運之路在一步步的選擇中悄然改寫。

從不情願地接觸烘焙,到投入學徒生涯,再到北上追尋技術突破,我從反感中尋得熱愛,從苦勞中建立自信,也逐漸理解了這門工藝背後的奧妙與價值。這就是我與烘焙之路的起點。

Part 1 初心與養成 | 從抗拒到熱愛的啟航旅程

第一章

從討厭到熱愛：我的烘焙原點

只有認真用心地對待每一個看似普通的產品，才有可能讓它們真正成為永恆的爆品。

對許多孩子來說，麵包代表著香氣與幸福，但對我而言，卻是一段沉重的回憶。父親是一位從十三、十四歲就開始做麵包的老師傅，在高雄經營麵包店十多年。從小，家裡的廚房總是瀰漫著酵母、麵粉與奶油的味道，但我卻對這些一點也不感興趣。

麵包世家的童年壓力

當其他小孩在外面奔跑玩耍時，我得留在家裡洗模具、刷烤盤、搬麵粉、撿塑膠袋。那種日復一日的勞動讓我產生強烈的反感，我甚至在心中暗暗發誓：長大後絕不踏入這一行。

現在想想，這想法當然很可笑，但當時真的是這麼想。只能說，這條路是老天爺命定的，那就半點不由人！認命的同時，就決定好好走這條路，把它做大、做強、做好，這就是我的個性。

父親（圖右抱著妹妹）在高雄經營麵包店十多年。我（圖左，媽媽手臂勾著我）得留在家裡幫忙，讓我很反感，心中暗暗發誓：長大後絕不踏入這一行。

高中畢業後，我開始思考人生方向。儘管內心還是抗拒，但我知道自己沒有太多選擇。那是一個資訊不發達的年代，學一技之長仍是許多人安身立命的方式。父親建議我學做麵包，我本能地抗拒，但又不得不承認：至少這是一門穩定的手藝。

Part 1 初心與養成 ｜從抗拒到熱愛的啟航旅程

學徒生涯的洗禮與晉升軌跡

我開始到附近的麵包店當學徒，每天早起打雜、準備材料。雖然一開始只是被迫接受，但在一次次的實作中，我漸漸發現自己的手感還不錯，也開始對麵包製作產生一點點興趣。

我第一份正式學徒工作是在高雄一家小型麵包店。月薪只有 8000 元，房租就要 6000 元。日子很苦，但我告訴自己：既然選了，就不要半途而廢。

我抱持著「每天多學一點」的心態，只要有空，就站在師傅旁邊觀察、提問、練習。這種積極主動讓我在不到一年內從學徒升到三手、再升到二手，薪資也從 8000 元漲到 18000 元，已達到當時同業師傅中較好的薪資待遇。

這家店有一套明確的升遷制度，只要技術達標，就能往上升。對我來說，這是一種成就感的來源，也讓我開始對這行業建立了信心。

在我 20 歲那年，履行義務役被分發至海巡單位。那段經歷雖然與烘焙無關，但我從軍旅中學會了紀律、準時、服從與責任感。

服役兩年後退伍，我立刻回到麵包店工作。雖然脫節了一段時間，但手感沒有生疏。我發現自己比以前更成熟，也更願意投入於每一

在學徒生涯一次次的實作中,我漸漸發現自己的手感還不錯,也開始對麵包製作產生一點點興趣。圖為去日本見習時,和教學老師的合影。

第一章 從討厭到熱愛:我的烘焙原點

| Part 1 初心與養成 | 從抗拒到熱愛的啟航旅程

個細節之中。

我在這段時間內對「標準化」這件事特別感興趣。軍中的制度影響了我，我開始思考：為什麼麵包不是每天都一樣？是不是可以透過更科學的方式來控管發酵時間與原料比例？這些思維，埋下了我日後對技術改良與流程創新的興趣。

北上台北：從地方市場走向技術核心所在地

雖然在高雄的這幾年我已經成為技術穩定的二手師傅，但我知道：我的眼界已經被打開了，若想要學得更深、看得更遠，我必須走出台灣的南方，前往競爭更激烈的台北。

我選擇北上。這一步改變了我的人生。

在台北，我重新從基層開始，薪水也沒有比高雄多多少。但我知道：我買的是「學習的門票」，不是眼前的薪資。很快地，我又憑著效率、紀律與細節感，重新站穩二手位置，並開始學到之前從未教我的：理論知識、製程科學、標準數據。

這是我從討厭烘焙，到真正愛上這門工藝的過程。因為**我不再只是「做烘焙的人」，而是「理解烘焙的人」。**

第二章

野球教會我的「團隊經營學」

棒球隊經營啟發了我的烘焙事業理念，產品研發、每日復盤、鎖定小眾高需求市場，這些嘗試讓品牌更有溫度，也意外開拓了「家長客群」。

父子兩代和棒球的奇妙緣分

我的童年與棒球

我出生在高雄，在臺東長大，臺東既是紅葉少棒隊的發源地，也出產了非常多的台灣優秀的棒球員，讓我從小就對棒球深感興趣與喜愛。因此，中華職棒的熱潮自然深深影響了我。

記得在中華職棒四年（1993 年）時，我開始迷上棒球，那時的統一獅隊有許多傳奇球星，像是羅敏卿、陳政賢、謝長亨等，他們在場上的拚勁讓我成為死忠獅迷。尤其是「獅象大戰」的經典對決，總是讓我熱血沸騰，甚至會特地跑到臺北的棒球場看現場比賽，就為了感受那股震撼的氛圍。

Part 1 初心與養成 ｜從抗拒到熱愛的啟航旅程

> 我從小就好動，小學六年級轉學到紅葉少棒隊的發源地——臺東後，立刻愛上棒球。

然而，那時的我從沒想過，多年後「棒球」會成為我家庭生活的重要部分，甚至影響了我對事業的思考方式。真正與棒球更深的緣分，卻是因為兒子而開始的。

兒子歪打正著的棒球緣分

兒子在小學二年級時，和許多同齡孩子一樣，開始沉迷於手機遊戲。每天放學回家，第一件事就是討手機玩，甚至會因此和媽媽起爭執。作為家長，我既擔心他的視力，也憂心他失去與現實世界的互動。

當時，他就讀的汐止金龍國小剛好有棒球隊，雖然規模很小，成員只有十幾個人，甚至瀕臨解散邊緣，但我心想：「與其讓他整天滑手機，不如試試看運動？」

於是，在他升三年級的暑假，我問他：「要不要參加棒球隊？」他當然一口拒絕──哪個小孩會自願放棄玩樂去訓練？

為了讓他願意嘗試，我祭出「金錢攻勢」：

- **每天參加訓練，就給 30 元零用錢。**
- **如堅持一個月，加碼 600 元獎金（等於一個月可賺 1500 元）。**
- **我甚至承諾：「打滿一年，就買一支手機給你！」**

兒子一聽到這個建議，眼睛頓時發亮，馬上同意了這個條件。於是他興沖沖地參加了學校棒球隊的訓練。但一個月後，我「耍了個心機」──我告訴他：「零用錢跟獎金的活動取消了，你還想打球嗎？」令我們訝異地是，他竟然沒有抗議地就接受了！分析起來，他就是喜愛上了棒球：

- **團隊的歸屬感**：棒球隊人少，大家感情特別好，像小家庭。
- **個人成就感**：即使球隊實力不強，但每次他擊出安打或守備成功，隊友和教練的歡呼讓他感受到「被關注」的快樂。
- **比賽的刺激**：雖然金龍國小常輸球（友誼賽勝率不到 20%），但孩子們反而更享受過程，因為「能上場」比贏球更重要。

Part 1 初心與養成 │ 從抗拒到熱愛的啟航旅程

原來一開始兒子對棒球並不感興趣，每天只是應付地去練習。但是漸漸地，他發現棒球隊的氛圍跟他想像的完全不同。雖然球隊實力不強，每次打友誼賽幾乎都輸，但球隊的氣氛卻非常熱絡。每當隊友擊出安打或成功接住球，全隊都會為他鼓掌歡呼，這種感覺讓兒子慢慢地享受到集體運動所帶來的快樂。

尤其是一次友誼賽中，兒子第一次成功擊出安打，全隊隊員激動地圍繞著他歡呼，那一天他回家後興奮地對我說：「爸爸，我今天打到

兒子耽溺於手機遊戲，送他去學校棒球隊時原本並沒有抱太大期望，卻沒料到這個決定改變了兒子，他真的開始喜歡棒球。資料來源：新北市二重國中棒球隊照片分享區

球了！大家都為我鼓掌！」看著兒子臉上的笑容，我知道他真的開始喜歡棒球了。

一個月的時間很快就過去了，我卻在此時取消了零用錢的承諾。令我欣慰的是，兒子毫不猶豫地回答：「要啊，我喜歡棒球，我想繼續打！」那一刻，我明白了棒球已經真正成為他生活中重要的一部分。

如今幾年過去了，兒子對棒球投注的心力越來越多，甚至已經選定棒球作為他人生奮鬥的方向。金龍國小畢業後，國高中他加入台灣棒球界知名的青少棒球隊，接受更為嚴謹高規格的訓練要求，整個人變得專注沉穩，性格堅毅，儼然已是個有為有守的男子漢，這是身為父親最感到欣慰與驕傲的事情。

從家長到會長：熱血翻轉金龍國小棒球隊

回想當年，當金龍國小的棒球隊還苦於人手不足，連最基本的出賽人數都湊不齊時，這支隊伍最急迫的需求，便是解決交通的難題。當時孩子剛加入球隊，身為家長的我，從未想過有一天會參與到球隊運作中，更別說會成為學校家長會的會長。

低調成為家長會副會長

一開始，我只是個普通的棒球隊員家長，像其他人一樣，帶著孩子投入球場，關心孩子在訓練中的成長。金龍國小棒球隊當時不但隊員

Part 1 初心與養成 ｜從抗拒到熱愛的啟航旅程

數量稀少，連球隊經費也嚴重不足，每次出門比賽都要各家長臨時開車協助，這種狀況相當不穩定。長久下來，家長和教練都感到十分吃力。

一開始我僅是球隊的熱心贊助者。經營自己的烘焙店，剛好就在學校斜對面，孩子們每次練完球都會到店裡吃點心，慢慢地我與家長們、教練、甚至學校老師變得熟稔起來。有一天，一位家長會成員來到我的店裡，帶著認真的語氣對我說：「您對球隊這麼支持，願不願意加入家長會當副會長？我們需要您這樣有實際行動力的人。」

剛擔任副會長時，我抱著低調的心態，覺得只要掛名即可，並沒有太多實質參與。但隨著棒球隊發展受限，特別是交通問題始終無法解決，我逐漸感覺到責任所在。

台東故鄉的豐田少棒隊來台北比賽，落腳處就在我公司附近，有緣認識，我就提供他們每天的早餐，讓大家安心比賽，也算是為喜愛的棒球盡一點心力。

爭取到棒球隊專用巴士

那時，我了解到新北市每位議員都有特定的「建議款」可用來支持地方教育與社區發展。透過一番研究，我發現汐止地區的議員張錦豪先生，曾經在競選政見中明確表示，希望促進地方三級棒球隊的發展。既然議員有這樣的理念，為何不直接嘗試向他尋求具體的幫助呢？

剛擔任副會長時我並沒有太多實質參與，但為球隊發展在各方面受限感到可惜，特別是交通問題，遂逐漸有了責任感。感謝張錦豪議員（右二）大力促成，林旻勳議員（左二）熱心參與，球隊終於擁有了自己的專用巴士。右一為球隊總教練梁宏翔先生。

Part 1 初心與養成 | 從抗拒到熱愛的啟航旅程

於是，我便著手聯繫進行了第一次拜會。最初，張議員對於這個大膽的提議——透過他的建議款撥款購置一台校車給金龍國小棒球隊——顯得相當謹慎且猶豫，畢竟這在新北市甚至全臺灣都未曾有過，完全沒有先例可循。

「若無法給一台大型的校車，至少一台小型的九人座校車也可以吧？」我當時提出了替代方案，表達出了我們急迫且真誠的需求，並一再地跟議員說明，這台校車的重要性不只是一個交通工具，更是球隊能否持續經營、孩子能否安心訓練的關鍵。

有了球隊校巴後，訓練與比賽更加穩定，屢創佳績，甚至曾獲得新北市市長盃亞軍，這些進步讓家長和教練都感到欣慰。（後排左一為作者）

經過一次次深入的討論與協商，最終，張議員被我們對棒球運動的熱忱所感動，也相信這筆款項確實能夠帶來真正的價值，他決定積極與新北市政府溝通。經過大約八個月的不斷努力與多方協調，金龍國小終於順利取得了一輛全新、由新北市政府透過議員建議款購置的校車，總價 260 萬元。

那一刻，當嶄新亮麗的校車正式駛入學校停車場時，孩子們興奮地奔跑過去，爭相摸摸新車，臉上滿是欣喜。我們家長則心中感動滿溢，甚至有些家長激動地流下了眼淚。我想，那不僅是一台校車，更是一個充滿希望與未來的象徵。

棒球隊實力突飛猛進

校車投入使用後，棒球隊的訓練與比賽變得更加穩定，家長也不用再擔心臨時湊車接送的問題。隊伍逐漸壯大，從原本連 15 個隊員都湊不齊，到後來穩定發展至超過 30 人，甚至連社區棒球隊性質的小金龍棒球隊成立後，整體棒球隊員更達到近 60 名隊員之多。後來的比賽，球隊也屢創佳績，曾獲得新北市市長盃亞軍，並代表新北市參加全國性的棒球賽事，創下隊史上最佳的成績。

正因為這些改變與進步，加深了我對家長會這個職位的使命感與認同感。當隔年家長會改選時，我決定接受挑戰，從副會長升任為會長，正式帶領家長會團隊，繼續支持金龍國小的棒球隊發展。

Part 1 初心與養成 │ 從抗拒到熱愛的啟航旅程

如今，每當看到球隊取得的佳績，孩子們臉上洋溢的笑容，總會讓我由衷感到滿足與驕傲。而這一切的背後，都得歸功於當初願意挺身而出的那份決心，以及整個社區團結一心所促成的成果。

棒球教會我的「團隊經營學」

在擔任家長會長期間，我積極串聯社區內外的資源，透過自己經營的烘焙店舉辦義賣活動，每賣出一個蛋糕，就撥出 30 元捐贈給球隊，資助日常訓練和比賽經費，幫助球隊在沒有後顧之憂下持續進步。這個舉動也引發了社區更多企業與民眾的響應，逐漸形成一股凝聚力，讓社區的棒球運動日益茁壯；同時，我還得到了以下啟發，逐漸形成了「團隊經營學」的雛型。

看著兒子打棒球，我發現這和經營公司有許多相似之處：

- 「板凳深度」的重要性

金龍棒球隊人少，一旦有人受傷，比賽就難以調度。這讓我反思自己的烘焙事業——如果只依賴單一爆品，風險太高。於是，我開始建立「產品研發梯隊」，確保隨時有新品能接替舊款。

- 「輸球」是進步的養分

亮緯的球隊常輸，但每次比賽後，教練會帶孩子們檢討缺失。這

一對乖巧的兒女和感情融洽的老婆,是我打拚事業上最大的助力和動力來源。

第二章　野球教會我的「團隊經營學」

Part 1 初心與養成 | 從抗拒到熱愛的啟航旅程

讓我學會「每日復盤」,透過銷售數據快速調整產品策略。

● **「小市場」也能有獨特優勢**

金龍隊雖然弱,但正因如此,每個孩子都有大量上場機會。這啟發我在創業時,先鎖定「小眾但高需求」的市場(如團購通路),站穩腳步後再擴大。

兒子在弱隊反而有更多上場機會,啟發我創業初期選擇小眾但高需求的市場。與其在競爭激烈的主流市場搶位,不如先在利基市場累積實力與能見度。只要能真正上場,就有成長與突破的可能。

後來,我甚至將棒球元素融入產品中:

- **全壘打麵包**:造型像棒球的巧克力夾心麵包,成為孩子們的點心首選。
- **球隊聯名款**:與少棒隊合作,推出限定口味,部分收益贊助球隊器材。

這些嘗試不僅讓品牌更有溫度,也意外開拓了「家長客群」。

Part 2

| 職人進化論 |

從學徒到
多功能管理者

從基層技術員到中階主管,我累積了豐富的實務經驗。過程中,不僅紮實了麵包製造專業技術,更學會安排流程、預判問題,以及帶領多元團隊提升效率。

面對突發狀況,我善於整合人力資源,找出應變策略。我始終相信,管理是一種服務與價值交換,更是實踐職場邏輯與提升組織運作的關鍵。這些歷練也逐步拓展了我對產業升級的視野與思維,願藉這個單元與大家分享。

Part 2 職人進化論 | 從學徒到多功能管理者

第三章

從三手到總監：站穩職場的底層邏輯

很多人對「主管」有誤解，以為是站在上位指揮別人。但我在現場學到的，是反過來：管理其實是一種服務，一種協助每個人發揮最大價值的過程。

當我成為麵包師傅後沒多久，店裡開始讓我負責安排每日的工作流程。我開始體會到，管理不只是叫人做事，更是要讓每個人知道為什麼這麼做、怎麼做比較有效率。

我曾經以為會做麵包就是全部，直到我開始協調原料準備、工作順序、團隊合作才發現：技術是基本，協作才是關鍵。

從分店職務到中央工廠的生產協作挑戰

例如一份麵包配方的分工，若沒有按時間點安排攪拌、發酵與烘烤流程，不但容易延誤出貨，更可能壓垮整個排程。我學到的第一件事是「預判問題」，然後把它提前解決。

後來我被調到這間擁有七家門市的烘焙企業的中央工廠擔任中階

第三章　從三手到總監：站穩職場的底層邏輯

我曾經以為會做麵包就是全部，但因工作店家讓我負責安排每日的工作流程，打開了我的視野，對於日後經營自己的事業助益頗大。

主管。從原來的一間分店,跳到支援全區門市,這對我來說是另一層次的挑戰。

七店聯動、百人協作:如何安排才有效?

在七家門市聯動的架構下,光是工廠內的員工就超過百人,包含正職、建教生與外籍勞工,還要應對每日門市的不同訂單需求、節慶的加班、配送的準時率,任何一環出錯都會導致整體混亂。

我開始建立生產流程表、工作分區、時程預估與回報制度,甚至針對不同人員的特長調整站位。我的原則是:**「不要讓任何一個人閒下來,但也不要讓任何一個人崩潰。」**

同時我必須預判各店的銷量與特別需求。週末、下雨、百貨檔期、外送平台的上線情形,全部都會影響生產量與人力調配。

我開始養成「預測＋盤點＋機動調派」的邏輯思維。例如:哪家店週末會多接五百條吐司?那我得在週四就安排工廠人員提前準備,並計算冷藏、保鮮期與配送距離。不是只看今天的產量,而是提前三天想好整條生產線的變化。

這樣的安排,不只讓生產更穩定,也讓我獲得老闆的高度信任。他說我是一個「做事不用他操心」的人。

在七家門市聯動的架構下，為了應對每日門市不同且繁雜的需求，我開始建立生產流程表、工作分區、時程預估與回報制度。圖為門市營業場景。

教育新血：管理建教生與外籍員工的體悟

我們工廠與學校合作，每年都有 20～30 位建教合作生進廠實習。起初，我認為他們只是臨時幫手，但後來發現，這群學生的心態決定了他們是否能成為真正的戰力。

我開始主動與他們互動，觀察誰對製作流程有興趣、誰願意學

習。我也設計了簡單的學習地圖，讓他們知道只要一步步學好，就有機會晉升、留任。

外籍員工方面，我學會用簡單清晰的溝通方式搭配手勢與範例，並且讓資深外勞帶新人。穩定與紀律，是跨文化合作的第一要素。

這些經驗讓我明白：「帶人」是件需要觀察、引導與耐心的事，而不是用權威壓出效率。

管理不只是指揮，而是價值交換

很多人對「主管」有誤解，以為是站在上位指揮別人。但我在現場學到的，是反過來：**管理其實是一種服務，一種協助每個人發揮最大價值的過程。**

當你能幫助員工解決問題、讓流程順暢、讓大家的工作變得更有意義，他們才會反過來支持你，甚至主動幫你守住戰線。

我曾經為了完成某次大訂單，連續兩天只睡了兩小時，帶著團隊一起加班。不是因為我逞強，而是因為我知道：如果我先放棄，沒有人會想撐住。

所以我學到的底層邏輯就是：**技術可以讓你進場，但人與人的價值互換，才讓你走得久、看得遠。**

第三章 從三手到總監：站穩職場的底層邏輯

我多年學到的底層邏輯是：技術可以讓你進場，但協助每個人發揮最大價值，人與人的價值互換，才能讓你走得久、看得遠。

| Part 2 職人進化論 | 從學徒到多功能管理者

跳槽後再度回歸

這當中，我有一年左右的時間曾經離開了原來的東家，到了一家小型麵包店工作，想看看不同的營運方式。這家店只有三位員工，所有事務都要親力親為。原以為會更自由，卻發現規模太小，反而無法發揮專業。就像諸葛亮再聰明，給他兩名士兵也打不出勝仗。我知道，我需要一個更寬廣的舞台，讓我有資源、有空間去測試、去擴展、去整合。

短短一年，我重新認清自己的定位，也讓我更堅定未來的方向。

一年後，老闆多次親自邀請我回到原公司。他說：「我需要的不只是會做麵包的人，我需要能帶人、能排單、能解決問題的人。」這句話打動了我。我明白，我已不是當年的技術員，而是一位能整合現場與策略的實戰中階主管。於是我回到原公司，重新啟動另一個進階的旅程。而那場比賽，成為我人生中最重要的轉折點之一。

第四章

我如何成為「多功能管理者」

所謂「多功能」不是工作量的增加，而是能力的整合。每一個角色轉換的背後，是信任與解決問題的能力累加。

當我踏回熟悉的工廠地板、聽見機器運轉聲的那一刻，心中湧現的不只是回家的安心感，更是一種被信任的感動。老闆願意放手讓我全權負責各項營運任務，代表他看見我在外歷練後的成長與蛻變。現在，我更清楚自己的價值，也更珍惜每一次決策與帶領的機會。未來我期許自己，不只是穩定現場，而是帶領團隊升級、培養人才，成為一位真正能創造價值、承擔全局的領航者。

角色跨升：從師傅變經理　不靠頭銜靠能力

當我再次回到原公司時，身份已經不同。不再只是技術師傅，而是管理、教育、製作、協調等多功能角色的承擔者。

老闆給我一個看似清楚卻又模糊的任務：「你就是幫我顧全局的人。」從丹麥麵包部門的負責人，到生產排程、建教生管理，再到臨時

Part 2 職人進化論 | 從學徒到多功能管理者

訂單協調與問題處理,幾乎都有我可以發揮所長的地方。

企業合作,有些是提前一週排程,有些是當天早上才臨時新增。

我必須同時處理:

- 生產人力的動態安排
- 原物料的備料與採購進度
- 生產設備的調度與可用性
- 突發狀況(如人員請假、機器維修)

舉例來說,有一次一家大公司突然加訂 1000 個餐包,要在隔天下午交貨。我立刻拆解任務、重排順序,並拉出加班人力、預留烘焙空間,還安排人員先行打包備料。隔天下午準時交貨,對方感動地說:「沒想到你們能這麼快應變。」

整個過程我學到一件事:所謂「多功能」不是工作量的增加,而是能力的整合。也就是**每一個角色轉換的背後,是信任與解決問題的能力累加。**

現場永遠不會照著紙本流程走。工廠裡的挑戰通常是「沒人」、「沒料」、「機器故障」、「出錯單」。

有次我們剛準備出貨,包裝人員卻臨時請假,整批吐司來不及處理。我立刻電話叫來建教生,自己也下場一起包裝,還通知司機延遲 10 分鐘。

每個門市的營運狀態，很大部分受到後端工廠生產配送影響，但現場永遠不會照著紙本流程走，如何處理危機，不失信於客戶，是很重要的課題。

或是有次烤箱臨時故障，我在 20 分鐘內協調其他部門讓出時間，調整其他產品生產順序，並聯絡維修師傅當天加派人手。過程雖然一陣手忙腳亂，但產能與出貨時間都沒延誤。

面對危機，我只想著：**「出貨不能失信，信任是做生意的根基。」**

「多功能」是市場對職人的期待

在帶領建教生與員工時，我有個基本原則：**「你來這裡不能只是做事，而是要成長。」**

我會依照每個人的特質與興趣安排工作。例如：喜歡動手的安排在整型與包餡區；對數據敏感的幫忙備料與秤重；個性細心的訓練做蛋液與包裝。不是把所有人變成一樣的人，而是讓每個人都找到自己最適合的位置。

而對於表現突出的員工或實習生，我也會推薦他們升任、加薪或留任。因為我知道：一個人的被肯定，會換來他兩倍的投入。

在這個競爭激烈的市場裡，「只會一件事」很難走得久。我們需要的是「能整合一切」的人。

我曾經是只會揉麵的師傅，但現在我能做：接單、排產、教學、危機處理、成本控管、外包協調、銷售支援。老闆曾笑說我像「萬用工具人」，但我心裡知道，我只是把「責任感」活成了能力。

職場上最穩固的位置，不是寫在名片上的頭銜，而是別人遇到問題時，第一個想找的人是你。

這就是我，從麵包師傅變成多功能管理者的過程。不是一夕之間的蛻變，而是每天主動多走一步、多想一層的逐漸累積。

> 我曾經是只會揉麵糰的師傅,但在這個競爭激烈的市場裡,「只會一件事」很難走得久。我們需要的是「能整合一切」的人。

第四章　我如何成為「多功能管理者」

Part 2 職人進化論 | 從學徒到多功能管理者

第五章

展翅高飛：參賽與國際視野的躍升

有人問我：「你怎麼知道什麼時候該出來開店？」說真的，我不知道。但那時我很確定，如果再不出去，我就會一直原地踏步。

我這時在這家很穩定的麵包店工作，七家分店經營得不錯，公司對我也很好。當時我並沒有離開的念頭，但是一次去日本學麵包的經歷，讓我徹底轉變了想法。

在日本，我看到了一種不同的態度與職人文化。那種一輩子專注在一個產品上的堅持，讓我震撼。回台後我想了很久，覺得如果只是繼續待在原來的店裡，自己可能會安逸現狀、停滯不前了。

人生中第一次正式比賽

預賽中有了更多信心

2013 年，公司鼓勵我參加「加州葡萄乾暨加州乳酪烘焙大賽」。這是人生中第一次正式比賽，雖不是自願報名，但我知道這是個能證明自

己的機會。

預賽採用靜態評比方式,只須提交作品與說明書。看似簡單,但評審標準極嚴格,從外型、結構到創意與風味都被逐一審查。全台有四十多支隊伍參加,我在其中脫穎而出,晉級決賽。

這是我第一次感受到「被挑選」的滋味,也讓我對自己技術有了更多信心。

決賽舞台上的震撼教育

決賽採現場實作制:四小時內製作六至七種品項、總數達 150 個麵包。每樣產品須色香味俱全,還要在時間內完成所有製程,壓力可想而知。

那天,我站在展覽館中央的操作台,面對全場觀眾與攝影機,從頭開始秤料、揉麵、整形、發酵、烘烤,每一步都像一場戰鬥。我知道,任何一個環節出錯,整體就會失分。

我緊張,但也很興奮。畢竟這是第一次這樣被人「看著做」,而且每個步驟、每個流程都要準確無誤。做太少不行,做太多也扣分。還得顧及麵包的完整度、風味、創意與呈現方式。

| Part 2 職人進化論 | 從學徒到多功能管理者

2013 年參加「加州葡萄乾烘焙比賽」。這是我人生中第一次正式比賽,取得了預賽冠軍、決賽亞軍的成績。首次體驗「被挑選」的滋味,也讓我對自己有了更多信心。

最後我拿了第二名。

見識到什麼叫「見世面」

第一名有機會去美國加州進修十天，被稱為「麵包界的哈佛」，我差了一點。但說實話，這場比賽帶給我的收穫遠超過一張獎狀的肯定。

那是一場震撼教育。我見識到什麼叫真正的「見世面」。每一個參賽者背後的準備、操作邏輯、時間管理，還有評審的反應與評語……我開始懂得，所謂的社會競爭，不只是技術的較量，還有很多人性與細節上的「微妙變化」。

這場比賽讓我意識到，**單靠技術是不夠的，你還要有企圖心、規劃力，也要能讀懂場合。**

時候到了，真正展翅

比賽後，我繼續回到原公司的崗位，但內心早已悄悄改變。過去的工作流程、產品設計、管理模式，開始讓我感到格格不入。

我想學得更多、看得更遠、也想嘗試更多新的做法。但當時的公司規模與制度，難以容納我內心對創新與突破的渴望。

離職不是因為失望，而是我知道，如果我再不離開，我可能會陷入安逸。那場比賽與海外進修，點燃了我心中的一把火，我必須順著這

| **Part 2 職人進化論** | 從學徒到多功能管理者

股熱走出下一步。

有人問我:「你怎麼知道什麼時候該出來開店?」說真的,我不知道。但那時我很確定,如果再不出去,我就會一直原地踏步。

比起拿第二名,我更怕一輩子停留在第一份工作、做同一件事情,做到麻木為止。

去日本學麵包的經歷,給了我(後排右)更大的視野。而後出國參賽,更是讓我對未來有不同期待,不再安於現狀。圖為 2013 年日本鳥越見習結識的老師和同學。

第六章

烘焙不能憑感覺，我的策略和標準

品牌不是包裝，而是「你這個人是否值得被記住」。這也是我開始重視每一張產品貼紙、每一段品牌文案、每一次社群互動的原因。

我一開始做麵包的時候，也和很多人一樣，用的是經驗與「手感」。今天水加多一點、明天發酵久一點，全看當下的天氣與心情。

但後來我發現，這種「感覺派」的做法在規模擴大後會變成災難。因為你無法複製，也無法交接。

規模擴大後，品質的穩定不能靠感覺

形成一套自己的 SOP

於是我開始記錄每一批麵糰的溫度、濕度、攪拌時間、原料比例、整形重量。每一次調整參數，結果如何，也都詳細註記，久而久之就形成一套「自己的 SOP」。

我告訴夥伴們：「這不只是記錄，而是你對品質的負責。」**穩定是**

Part 2 職人進化論 | 從學徒到多功能管理者

品牌的基本,而標準化是穩定的基礎。

有彈性的標準化

即使配方一樣,每天的環境都在變。夏天濕熱、冬天乾冷,攪拌結果也會不同。再加上不同麵粉的吸水性也不同,如果只依賴直覺,很容易出問題。

我習慣每天早上先試攪一次小量麵糰,觀察麵筋狀態與延展性,再決定今天的水量與攪拌時間是否要微調。也會依照工作人員的熟練程度,分配不同人員處理不同的流程步驟。

▌ 我習慣每天早上先試攪小量麵糰,依結果再彈性決定今天的水量與攪拌時間。

這就是所謂**「有彈性的標準化」**——有核心原則，也有應變空間。

吳寶春效應：品牌價值是由信任堆積而成

我常舉一個例子：「同樣一條麵包，你叫它『吳寶春』，可以賣 120 元；你叫它『保存五』，連 60 元都賣不掉。」

這不是食材差異，而是品牌的影響力。

吳寶春背後的價值，是消費者長年累積的信任與情感連結。他們相信這個名字，等於相信他的選材、做法、理念與價值觀。

品牌不是包裝，而是「你這個人是否值得被記住」。這也是我開始重視每一張產品貼紙、每一段品牌文案、每一次社群互動的原因。

品牌，不是 Logo，而是你做每一件事的態度總和。

生乳吐司的爆紅是經過設計的行銷實驗

我 2022 年推出「千層生乳吐司」，在四個月內賣出超過 23 萬顆。很多人以為是運氣，但其實背後設計了完整的策略。

我觀察到：

- 許多人排斥傳統厚重吐司，但又喜歡奶香與柔軟

| **Part 2 職人進化論** | 從學徒到多功能管理者

- 多數家庭會重複購買早餐品項
- 社群照片分享是驅動購買的關鍵

於是我們設計了「一片就能分層撕開」的視覺結構,強調生乳、不甜膩、無添加,並搭配打卡優惠與快閃試吃活動。

再加上限量策略與合作百貨出櫃,這波行銷成為品牌建立的重要起點,也讓我體會到:

產品好吃很重要,但你怎麼「說」,比你怎麼「做」更重要。

「千層生乳吐司」是我 2022 年推出的第一款爆品,四個月內熱銷超過 23 萬條。很多人以為是憑運氣,但其實背後設計了完整的策略。

快閃店與百貨捷運站：我怎麼選戰場？

我們後來經常參加百貨快閃與捷運站展售，每月營業額最高突破200萬元。這不是單靠好吃的麵包，而是靠選對了「戰場」。

我會根據幾個原則來挑點：

- **人流是否穩定而非爆量**（目標是日常購買非衝動）
- **交通動線是否順暢**（顧客願意停留）
- **週邊競品是否明確**（避開價差過大產品）

快閃目的不只是賣商品，而是測試與曝光。 每一次快閃，我都當作一次行銷實驗，從客群輪廓、動線規劃、銷售話術，到社群曝光與後續追蹤，全都有設定目標。

這些數據與觀察，後來也成為我決定是否要進駐某些實體據點的重要參考。

消費者吃不出原料差，但會記得你是誰

很多師傅常抱怨：「明明我的材料比他好，為什麼他賣得比較貴？」

因為消費者大多吃不出細微原料的等級差異，他們記得的是「這

家我吃過」、「這家有故事」、「這家我朋友推薦過」。

所以我告訴自己：除了把麵包做好，我還要把品牌說好。

把好的原料、好的流程、好的理念，包裝成一句話、一張圖、一段影片、一個記憶點。讓消費者覺得：「這家值得我再來。」

因為當麵包變成一種「選擇記憶」，它就不再只是食物，而是生活的一部分。

快閃目的不只是賣商品，而是測試與曝光。每一次快閃，我都當作一次行銷實驗。之後根據所得數據與觀察結果，來決定是否要進駐某些實體據點。

第七章

從父親的烘焙到我的品牌之路

真正能讓一家店、一個品牌長久的,從來不是最厲害的配方,而是那個「遇到問題時,大家都願意相信並跟隨」的你。

我父親是麵包世代的老師傅,從十三歲就開始做麵包。那個年代沒有電子秤,也沒有標準 SOP,所有原料都是用碗舀、用手抓,講求的是「經驗」與「直覺」。

父親的「一匙糖」與我的「精準比例」

我常問他:「為什麼要加這麼多糖?」他只回我一句:「這樣比較好吃。」他做了一輩子的麵包,靠的就是口感與市場的反應。而我這一代,習慣用比例與數據管理品質。每一批發酵都要量溫度、濕度,每一份原料都精準秤重。不是我不相信直覺,而是我知道:**當你要讓一個品牌穩定,就不能靠感覺,而要靠制度。**

父親曾笑我:「你這樣做,會不會太無趣?」我笑回:「但我可以教十個人做出一樣的味道。」這就是兩代人的差異,也是一種傳承的進

Part 2 職人進化論 | 從學徒到多功能管理者

化。為什麼我要創業？不是夢想，是轉型

把自己培養成一個「完整品牌」

很多人以為我創業是為了圓夢。但其實，創業對我來說，更像是一次「轉型」。當我做到行政主廚的角色時，已經能管理七家門市與中央工廠的生產、排程、人力與教育。但我開始思考：

- 我是否想把這些經驗留在別人的品牌下？
- 我是否能建立屬於自己的文化與節奏？
- 我是否能打造一個讓更多人願意一起努力的舞台？

答案慢慢清楚。我不是為了擁有一間店，而是為了擁有一種「能持續實驗、學習、修正」的空間。創業，對我來說，是把自己培養成一個「完整品牌」的過程。

從學徒心法到創業精神的蛻變

我曾經是一個只想把麵包做好、把事情做好的人，但後來我開始學會去問：「這個產品會被誰喜歡？會在什麼情境下被買走？」創業讓我不再只是技術者，而是思考者。

- 產品要好吃，也要好記
- 包裝要實用，也要能打卡
- 服務要到位，也要有溫度
- 成本要控制，也要對得起良心

> 創業，對我來說，不是為了擁有一間店，而是把自己培養成一個「完整品牌」的過程，是為了擁有一種「能持續實驗、學習、修正」的空間。

　　每一個選擇，都不是單點思維，而是必須綜合考量品牌、營運、顧客、通路的整體策略。我也學會放手，讓不同專長的夥伴做行銷、財務、客服，而我負責控品質、控節奏、控文化。

　　這種「全局感」，是從現場一路走到經營者才能擁有的底氣。

Part 2 職人進化論 ｜ 從學徒到多功能管理者

我對未來麵包產業的觀察與建議

現在的烘焙市場，比我剛入行時競爭太多。外送平台、網紅麵包、短影音行銷，都在改變顧客的決策行為。但我認為，**真正長久的麵包店，還是回到三件事：品質、信任、更新力。**

- 品質是基本盤，你不能讓顧客每次吃都有落差
- 信任是慢慢累積出來的，不能隨便砍價或砸自己招牌
- 更新力是活下去的關鍵，要觀察市場、測試產品、反應快速

我也建議年輕的烘焙人，不要只學技術，而要培養三種能力：

- **分析消費者行為的能力**
- **團隊溝通與帶人的能力**
- **體力與心力的耐操能力**

這三樣，才是你從學徒走到師傅、從師傅走向創業者的必備底層邏輯。

你也想創業？提醒你五件事

創業不是終點，而是另一段長跑的開始。如果你也準備好，不妨先從每天多一點紀律、多一點觀察、多一點思考開始。

- **不要為了逃離職場而創業**

  創業不是解脫,而是更多責任的開始。

- **先學會在別人體系裡成功,再來做自己的**

  如果你無法在別人架構下成為值得信任的人,很難自己創出完整系統。

- **人脈不是靠認識,是靠一起合作後留下的信任**

  我能順利創業,是因為過去在每一個位置都做好,讓人願意支持。

- **創業初期別怕做自己不喜歡的事**

  剛開始我也得接電話、洗地板、做帳。這些不是低價值,而是打磨韌性的訓練。

- **別著急長大,而是穩穩堆高**

  一間麵包店、一個品牌、一種信任,都是每天累積出來的。快很容易爛,慢反而能深。

我常問自己:如果一切重新來過,我還會選擇走這條路嗎?答案是肯定的。從早年搬麵粉的學徒,到現在擁有屬於自己品牌的創業者,我走了十幾年。這段旅程沒有奇蹟,只有不斷的試煉與修正。

我見過太多同行把焦點放在產品上,卻忽略了「人」的本質。其實,**真正能讓一家店、一個品牌長久的,從來不是最厲害的配方,而是那個「遇到問題時,大家都願意相信並跟隨」的你。**

| **Part 2 職人進化論** | 從學徒到多功能管理者

這世界不缺好麵包，但永遠需要值得信賴的人。如果你此刻也正在廚房裡忙著翻麵糰，或正在思考下一步該怎麼走，希望這本書能陪你一起走上一段路。你不孤單。我們都在這條烘焙的路上，用麵粉、時間與心意，揉出屬於自己的形狀。

> 經營麵包事業，在製作技術和觀念提升方面，我投注了許多心血，但過程中我體會到不能忽略了「人」的本質──使自己成為大家都願意相信並跟隨的人。圖為 2016 年赴法國 viron 百年麵粉廠研習時留影。

Part 3

｜市場突圍術｜
從敗績中逆轉的爆品行銷

　　每家成功的企業背後，都有許多引人入勝的故事，我的烘焙品牌的發展歷程也不例外。

　　從初期的小小麵包店，到如今的多元化品牌，每個階段都有著獨特的爆品與深刻的研發故事。這個單元將以故事的形式，詳細介紹我在各個發展階段如何發掘市場需求、研發產品並成功打造爆品。

Part 3 市場突圍術 | 從敗績中逆轉的爆品行銷

第八章

從歐風落敗到髒髒包爆賣的行銷轉型

當你面對現實,放下那點「自我認同感」,你才能真的開始「行銷」,而不是「發表作品」。

行銷從來不是光說漂亮話,而是市場實戰。

當初決定開設第一家烘焙店的時候,我對麵包店經營並沒有太多複雜的設想,只是希望能做出好吃的麵包,提供給附近社區的居民們。選址在汐止的一個街角,店面不大,只有幾坪的空間,內裝簡單溫馨。我每天清晨五點就開始揉麵糰,準備當日要販售的麵包。

第一代:街邊社區型麵包店

聆聽顧客意見 即時做出調整

店裡一開始提供的都是經典口味,像是菠蘿麵包、鮮奶吐司、紅豆麵包等等,這些都是我個人認為家家戶戶都會喜歡的基本款。最初,來店裡購買的都是附近熟悉的鄰居和一些上班族,平均每天約有 150 位顧客。這種街邊店的特性,就是來客數非常穩定但也難以有明顯的成

在社區裡要長期經營一家麵包店，細心聆聽顧客的意見並即時做出調整，是非常重要的一件事。

第八章 從歐風落敗到髒髒包爆賣的行銷轉型

長。儘管如此，我仍舊用心經營，因為我認為做好每一個麵包，就是對每位顧客最基本的承諾。

有一次，一位經常來店裡購買菠蘿奶酥麵包的老顧客告訴我：

「你們的菠蘿奶酥麵包真的很好吃，但如果內餡可以再多一些就更棒了！」

Part 3 市場突圍術 ｜ 從敗績中逆轉的爆品行銷

我將這個建議放在心上，隔天就稍微調整了內餡的份量。沒想到，這個微小的改變卻讓其他許多顧客也注意到了，他們都紛紛表示：

「今天的菠蘿奶酥麵包怎麼特別好吃？」

原本只是普通產品的菠蘿奶酥麵包，從此變成了店裡的熱門商品，每天都早早銷售一空。

隨著時間推移，顧客口碑慢慢傳開，來自其他社區的人們也開始專程來店裡買我們的麵包。我逐漸體會到，細心聆聽顧客的意見並即時做出調整，對一家店的長期經營有多麼重要。

爆漿菠蘿餐包就是菠蘿奶酥麵包的更新版本。延續菠蘿麵包的口味，再將奶酥內餡換成奶油，只要加熱後咬一口，就能享受爆漿奶油充滿嘴巴的幸福感！便利商店也都能夠預購囉！

社區麵包店的價值和侷限

當時每天的營業模式其實非常辛苦，我們一早五點工作到晚上九點，幾乎全年無休。但這種與顧客緊密互動的方式，讓我深刻理解到社區店的真正價值：我們賣的不只是麵包，更是一種溫暖的關係和貼心的服務。

這一階段街邊店的經營經驗，為我打下了日後品牌發展的基礎。它讓我了解，任何成功都離不開踏實的產品品質，以及對顧客需求的敏感性和快速回應。從菠蘿奶酥麵包的小小改變，到日後更多新品的研發，都奠基在這最初的經營體驗與理念之上。

第二代：開始連鎖經營

經過了初期街邊店的穩定經營，我逐漸感受到店面規模的侷限性，因為無論我多麼努力，店內顧客的數量始終難以突破固定的 150 位左右。這種限制讓我開始認真思考下一步的發展方向，最終我決定踏出舒適圈，進行連鎖經營的嘗試。

驗證中央工廠的經營模式

決定開設第二家店時，我花了不少時間考量地點，最後選擇了交通便捷、生活圈更廣的南港地區。這不僅僅是為了擴大市場，更希望能夠透過第二家店來驗證中央工廠的經營模式。

| Part 3 市場突圍術 | 從敗績中逆轉的爆品行銷

> 為了順利轉型，我花了很大的心力與師傅們溝通，經過一段時間的調整與磨合，逐步使中央工廠步上正軌，也為整體品牌長遠發展打下基礎。圖中工作團隊由左至右為：葉順明、顏祥宇、劉俊男、郭建宏、李貴旗。

在規劃南港店的同時，我也正式建立了中央工廠，將大部分麵包的製作程序集中管理，以此提高產品的一致性和生產效率。這種經營模式的轉變，剛開始並不容易。因為之前的經營方式都是店內師傅從原料處理到完成產品一氣呵成，而現在必須將生產過程分割為幾個環節，並交由不同的團隊處理。

為了順利轉型，我花了很大的心力與師傅們溝通，讓大家明白這種改變是為了整體品牌發展的長遠考量。經過數次調整與磨合，最終中央工廠逐步走上了正軌。我們能夠穩定地提供品質一致的半成品給各個門市，門市只需要進行簡單的烘烤與包裝，即可完成產品販售。

　　在南港店開業後，我特別注意到顧客的反應。一開始，有顧客提出：「這樣的麵包是不是不夠新鮮？」為了消除顧客的疑慮，我特別設計了現場烘烤的流程，讓消費者在購買時仍能感受到現做的新鮮感。這種調整使顧客們非常滿意，逐漸提高了回購率，南港店的銷售額也迅速成長。

連鎖經營模式為日後發展打下堅實基礎

　　連鎖經營模式的成功，讓我看到品牌發展的巨大潛力。從前單一店面的限制現在已經突破，我能夠更專注在產品研發與市場行銷上，而將生產效率提升交給專業的團隊負責。

　　在這個階段，我也學到了一個重要的經驗，就是**產品的規格化與標準化非常關鍵。**以當時熱賣的菠蘿奶酥麵包為例，我們調整了大小與內餡比例，讓每個消費者都能輕鬆食用且價格合理。這樣的微調不僅提升了產品的吸引力，更讓產品在連鎖經營模式中能夠更有效率地進行量產。

　　回顧第二代的連鎖經營時期，這次轉型不僅擴大了公司的市場規

模,也為日後品牌更大規模的發展提供了寶貴的經驗。透過這次的連鎖模式,我深刻理解到系統化管理與產品標準化的重要性,這些都成為未來進一步擴張的堅實基礎。

不是開店失敗,是學到了行銷第一課

理想很豐滿,現實很骨感

說實話,我從來不是一開始就懂行銷的人。而是靠一連串的錯誤,才拼出一條適合自己的行銷路。這不是從課堂上學來的,而是從現場「被市場教育」,用真金白銀換來的經驗。

11年前,我剛開第一家店,信心滿滿地規劃了一整條「歐式麵包」商品線。那時候我心想:「我是一個有實力的師傅,我不要做傳統台式麵包,我要做有格調、有健康概念的商品。」低糖、低油、大顆、硬皮,全都是歐式風格,滿滿七成的貨架都這樣鋪。

結果三個月後,我全改了。理想很豐滿,現實很骨感,歐式麵包沒人買。

每天早上五點進店備料,做到晚上十點、十一點,平均每天工作超過17小時。結果麵包擺上架後,賣不動,天天都要丟。連自己的薪水都發不出來,一個月下來,結算只剩兩萬出頭。換算下來,我每天賺不到700元,卻投入了18個小時的勞力。

> 我是靠一連串的錯誤才拼出一條適合自己的行銷路。11 年前,「歐式麵包」商品線的失敗,於我是一個關鍵的轉折點。

我不是不努力,是方向錯了。那三個月對我來說是一個關鍵的轉折點,我開始反思:「我想做的,市場真的需要嗎?」

經營調整來自每天的自我復盤

很多人問我:「那時候有誰提醒你嗎?」

其實沒有,是我每天睡覺前自己反省。所謂「復盤」,不是做業績報表,而是問自己幾個問題:

Part 3 市場突圍術 ｜ 從敗績中逆轉的爆品行銷

- 今天哪些產品根本賣不動？
- 哪些品項明明我最用心，卻沒人理？
- 如果我再堅持這樣下去，三個月後還撐得下去嗎？

這些問題逼著我思考：**我不能只是做我想做的，我要做「市場要的」。**

調整對我來說，從來不是掙扎，是本能。我個性就這樣，市場不喜歡的，我隔天就撤掉。我的邏輯很簡單：哪裡有錢賺，我就往哪裡走。不是放棄夢想，而是理解一個現實：

「當老闆，不是做自己喜歡的事，而是做市場需要的事。」

很多人當老闆，是想做喜歡的東西，結果被現實打臉。我也曾經這樣，直到我親眼看著一盤盤麵包報銷，才徹底理解這一點。

陌生開發的洗臉，也是行銷必經的修鍊

後來我開始學會找資源、找合作對象，進入「陌生開發」的階段。

曾經我去拜訪一家知名代工廠，要請他們幫我做台式馬卡龍。對方是第二代接手的老闆，不是烘焙出身，一見面就問我：「你知道幫我們做研發的是誰嗎？你知道他多有名嗎？」我坦白說不知道，結果他笑我不專業，還諷刺：「你連德麥都不認識嗎？」

其實，我不是不認識德麥，我不認識的是他說的那個「幫他代工」

的老師傅。但反過來說，德麥很多技師都認識我，因為我們都接觸市場端，我創造過的爆品、做出過的銷量，他們都看在眼裡。那次之後，我沒再找他合作。不是因為生氣，而是因為我明白：**「信任不是靠資歷，而是靠實績。」**

創業行銷的第一課：不是先做好產品，而是先活下來

那三個月，我學到最寶貴的東西不是「怎麼做麵包」，而是：

開始學習陌生開發後，我學到創業行銷的第一課：不是怎麼做好產品，而是要先活下來。這些體悟讓我後來能打造出一款款爆品。

Part 3 市場突圍術 | 從敗績中逆轉的爆品行銷

- 錯的產品再精緻也沒用，沒人買就是失敗。
- 越早調整越好，不然只會越來越虧。
- 不要怕改變方向，怕的是堅持錯誤。
- 做市場的生意，不是做自己的生意。

這些體悟，成為我後來能打造出一款款爆品的底層邏輯。

創業第一步，不是堅持，而是學會低頭

很多人以為創業就是要堅持到底。但我想說的是：堅持對的方向沒問題，但如果一開始就錯，最該堅持的是「快速調整」。

當你面對現實，放下那點「自我認同感」，你才能真的開始「行銷」，而不是「發表作品」。行銷從來不是光說漂亮話，而是能活下來、能賺錢、能吸引市場的實戰。

第九章

髒髒包奇蹟與團購模式發展

　　髒髒包、千層吐司的成功,讓我見識到爆品的市場震撼力,更明白,快速回應市場需求、靈活調整產品策略,是現代商業成功不可或缺的核心能力。

　　當時電商平台正蓬勃發展,我敏銳地察覺到這將是未來商業的重要方向。一次偶然間,我在網路上注意到來自韓國的一款叫「髒髒包」的巧克力麵包正在迅速竄紅。畫面裡,滿手沾滿巧克力醬的人們,開心地吃著這款麵包,讓我頓時靈光一閃:這或許能成為台灣市場的新爆品。

電商崛起:「髒髒包」引爆市場

預見髒髒包的爆品潛力

　　於是,我馬上聯絡了長期合作的原料供應商宏捷,要求提供最頂級的巧克力醬樣品。在收到醬料後,我與團隊迅速展開研發。我們不斷調整巧克力醬的甜度和濃稠度,並且試著在麵包的口感上下功夫。經過

數十次的調整和測試，終於開發出適合台灣人口味、甜度適中又充滿巧克力濃郁香氣的髒髒包。

尋找合適的電商銷售管道

產品研發成功後，我開始積極尋找合適的銷售管道。這時，我想起了美安電商平台。美安平台雖然剛進入台灣市場不久，但其獨特的經銷模式與龐大的消費者基礎，讓我決定試試看這個全新的合作方式。

於是，我主動聯絡美安的經銷商們，向他們介紹我們最新推出的髒髒包，並提供試吃樣品。經銷商們一試吃後立即表達極大的興趣，很快便下單訂購。髒髒包正式上架美安平台的第一天，訂單就如雪片般飛來，訂單量之大超出我們的想像。短短數週內，我們便創造出超過兩百萬元的銷售奇蹟。

最新促銷優惠 看更多

與美安的合作經驗，讓我們見識到爆品所能帶來的市場震撼力。短短數週內，臟臟包便創造出超過兩百萬元的銷售奇蹟。資料來源：「美安台灣 - 夥伴商店」入口網站：https://tw.shop.com/stores-featured?hsh=2

電商市場快速起伏的特性

在這個過程中，我們也經歷了相當大的挑戰。由於美安平臺只提供交易平臺，所有的客戶聯繫與售後服務都必須由我們自己處理。每天，我的團隊都要處理大量的客戶詢問，確認出貨細節，甚至是一些突發的客戶問題。但這些繁雜的工作，讓我更深入瞭解消費者的需求與期望，也讓我們能快速地做出反應與調整。

然而，正當我們以為髒髒包的熱潮會持續下去時，市場卻快速冷卻了下來。短短兩個月後，銷售量便開始明顯下降，讓我深刻意識到電商爆品快速起伏的市場特性。這次的經驗教會了我寶貴的一課：**唯有持續創新，才能持續引領市場熱潮。**

髒髒包與美安的合作經驗，不僅讓我們見識到爆品所能帶來的市場震撼力，更讓我清楚明白，快速回應市場需求、靈活調整產品策略，是現代商業成功不可或缺的核心能力。

憑藉對市場的敏感度，選定韓國「髒髒包」作為開發品項後，經過數十次的調整和測試，終於開發出適合台灣人口味的大爆商品。

Part 3 市場突圍術 | 從敗績中逆轉的爆品行銷

新天地：轉向團購通路

電商平台的熱潮逐漸退去後，我開始意識到要維持品牌的持續成長，就必須尋找新的銷售模式與市場機會。此時，市場上逐漸興起一種新的消費型態——團購。起初，我對團購的運作模式並不十分熟悉，但經過深入的了解和研究後，我發現團購不僅能快速獲得大量訂單，還可以直接掌握市場需求的第一手資訊，這種直接又迅速的反饋正是我最想要的。

因應團購市場開發新款商品

我決定積極投入團購市場，第一步就是開發一款足以引起消費者興趣的爆品。經過仔細觀察國外市場，我注意到來自日本的「千層吐司」正在崛起。我馬上召集研發團隊，開始研究如何將這款產品引進台灣，並做出適合本地消費者口味的調整。我們不僅在原料上精挑細選，還特別在製作方法和包裝設計上下了很大的功夫，以突顯產品的特色。

產品研發成功後，我們透過幾個知名團購平台進行試水溫的銷售。沒想到產品一推出，就引起了非常熱烈的反響。我清楚地記得，首次合作的一位團媽僅僅一天內就賣出了超過 500 個，這遠超出我原先的預期。很快地，千層吐司便成了我們最熱門的產品之一，也讓更多團媽主動聯繫我，要求合作。

72小時繁複工法

千層吐司不僅在原料上精挑細選，還特別在製作方法和包裝設計上下了很大的功夫，果然一炮而紅、大獲成功。

　　隨著千層吐司的成功，我們逐漸在團購市場建立起良好的口碑與品牌形象。這時，我也發現團購市場有著電商平台無法比擬的優勢：更低的成本、更快速的市場反饋、以及更加直接且緊密的顧客互動。這讓我能夠更迅速地了解市場需求，並即時進行產品調整與改進。

團購模式所帶來的挑戰

　　然而，團購模式也有其挑戰性。由於每位團媽的顧客群體不同，他們的需求與偏好也存在差異。因此，我經常需要**與團媽們保持密切溝**

Part 3 市場突圍術｜從敗績中逆轉的爆品行銷

通，深入了解他們的需求與反饋，以確保產品能夠更精準地符合消費者的期待。

在這個過程中，最令我印象深刻的是土城地區的一個大型團購團隊。他們旗下擁有高達 6000 名團媽，透過這樣龐大的團購網絡，我們的產品在極短時間內便能覆蓋全台灣各地。這種快速擴散的效果，讓我深刻體會到團購模式的巨大潛力。

透過團購市場的深入經營，我不僅讓公司成功渡過了電商衰退的危機，更進一步強化了我們的品牌影響力。這一階段的經驗讓我清楚地

透過團購市場的深入經營，我不僅讓公司成功渡過了電商衰退的危機，更進一步強化了我們的品牌影響力。資料來源「WalkerLand 窩客島」網站：https://www.walkerland.com.tw/article/view/407147

明白，只要我們持續創新產品並快速回應市場需求，就能不斷創造新的商業奇蹟，讓品牌持續成長壯大。

爆品案例：千層吐司、斑蘭蛋糕

經歷了從第一代街邊社區型麵包店，到如今第五代的品牌整合與爆品量產期，這一路上累積了許多珍貴經驗。面對未來，我決定進一步明確規劃接下來的食譜與業務發展策略，目標是持續創新，推動公司穩定成長。

當我著手設計未來的食譜時，我清楚知道，光是傳統經典產品雖然穩定且長銷，但難以再掀起市場的高潮。這些產品如鮮奶吐司、紅豆麵包、菠蘿奶酥麵包等，都是消費者日常生活不可或缺的品項，但也正因為如此，它們缺乏驚喜與話題性，無法成為所謂的「爆品」。

因此，我將食譜規劃分成三個明確階段：第一階段是經典基礎款，第二階段是近十年內曾風靡市場的流行款，第三階段則是未來可能掀起熱潮的新型爆品。尤其是未來這十道新品，才是我真正的著墨重點。

在未來新品的選擇上，我格外慎重。經過大量市場調查與國際趨勢分析，我發現當前消費市場更加注重的是創意融合與便利性產品。例如，當初我們推出的千層吐司就因為其獨特的口感和方便攜帶的包裝，

Part 3 市場突圍術 | 從敗績中逆轉的爆品行銷

在市場掀起一陣旋風，甚至引來了全聯、全家等大型通路跟進銷售，單日就能賣出數萬個。

回顧千層吐司的成功經驗，我決定以此作為未來新品研發的模板。首先，產品必須有鮮明的特色，例如獨特口感或新穎食材。其次，產品的包裝設計需精緻且適合小家庭或個人食用，容易攜帶及保存。最後，必須考量市場接受度，產品一旦推出即能快速獲得消費者認同。

為此，我著手試做幾項具有潛力的產品，其中之一就是融合了東南亞風味的「迷你斑蘭蛋糕」。商品已於 2024 年 4 月推出。

千層吐司的成功經驗，讓我定調出爆品必須具備的特點，包含口感、食材和包裝等基本元素。

Part 4

|品牌再造力|
系統化經營
與未來藍圖

　　本單元揭示品牌如何靠爆品策略與快閃店快速突圍。你將看到如何選定高潛力特色商品，打造統一且有力的品牌形象；如何透過快閃店、團購、行銷公司等不同銷售平台，讓品牌迅速打開市場知名度。

　　這些珍貴的實戰經驗，將幫助你在多元通路中穩健擴張，提升銷售與影響力，成為市場贏家。

Part 4 品牌再造力 | 系統化經營與未來藍圖

第十章

整合行銷與快閃店策略

開發具備高潛力的特色商品，能同時滿足團購市場、大型通路與一般消費者的需求。成熟完備的快閃店 SOP，成為大幅拓展品牌能見度與利潤的關鍵策略。

經歷過街邊店的細心經營、連鎖店的系統化管理、電商的快速市場反應，以及團購的強大銷售力之後，我逐漸體認到要讓企業更上一層樓，品牌整合與爆品量產勢在必行。

第五代：進入品牌整合與爆品量產期

這階段的挑戰是過去未曾經歷過的。要在多元的銷售通路間保持品牌形象一致，並快速且大量地生產出市場需求的爆品，需要極高的系統整合能力和快速反應力。我花了大量時間重新檢視公司的營運架構，進一步優化中央工廠與物流配送體系，以滿足迅速增長的市場需求。

尋找具備高潛力的特色商品──斑蘭蛋糕

在產品策略上，我開始積極尋找具備高潛力的特色商品，能同時滿足團購市場、大型通路與一般消費者的需求。一次因緣際會，我接觸到新加坡和馬來西亞非常流行的斑蘭蛋糕。這種蛋糕原本體積大，適合家庭聚餐，但在台灣市場上並不易被接受。我深入了解後發現，台灣消費者偏好小巧、方便攜帶的小包裝，因此決定進行產品的全新設計。

我立即聯絡供應商取得斑蘭植物的提煉醬料，與團隊反覆測試口味和製程，為了讓產品更符合台灣市場，我特別設計了簡潔美觀且便於攜帶的小盒包裝，最後將原本的大份量蛋糕，成功轉變為小巧精緻型蛋糕，一盒三個。經過短暫的試賣後，市場反應非常熱烈。

受到新加坡和馬來西亞非常流行的斑蘭蛋糕啟發，經過反覆測試口味和製程，我們開發出更符合台灣市場的新產品，並改為便於攜帶的小盒包裝。

| **Part 4 品牌再造力** | 系統化經營與未來藍圖

不久,知名便利商店與百貨公司通路主動聯絡我們,希望能夠合作販售這款新產品。透過這樣的整合推廣,斑蘭蛋糕迅速成為全台灣消費者的新寵兒,每個通路的訂單量都持續增加。我不得不進一步提升工廠的產能,並強化物流配送的效率,以滿足如此龐大的市場需求。

企業發展階段要求──積極整合與創新

在這個過程中,我深刻體會到品牌整合的威力。當產品以統一且強化的品牌形象出現在各個通路,無論是團購、電商還是實體店面,消費者對我們的信任與品牌忠誠度都迅速提升。透過高效的產品研發能力,我們更能及時推出適合市場的爆品,持續刺激銷售成長。

品牌整合與爆品量產的經驗也讓我意識到,企業發展至此階段,速度與彈性極為重要。只有**不斷提升市場敏銳度,及時回應消費需求,並透過系統化的生產與配送流程,才能真正實現品牌永續經營。**

現在,我更堅信,只要持續秉持這種積極整合與創新的精神,企業未來將能持續推出更多令消費者驚艷的新產品,走向更加廣闊的市場舞台。

無心插柳的快閃店策略

回想起最初踏入快閃店經營的那段日子,現在回頭看,真的是充滿了驚險與刺激,但也為我後續的經營發展打下了非常重要的基礎。當

時，我根本沒有想過快閃店會成為我未來營運模式中非常重要的一環，更沒想過這種「短期進駐」的方式，會成為我之後大幅拓展品牌能見度與利潤的關鍵策略。

第一次慘澹的快閃店經歷

我人生的第一家快閃店，其實純粹是一次偶然的嘗試。當時汐止遠雄百貨主動找上門來，希望我們可以進駐，因為我們在汐止當地也有一些名氣，他們覺得或許可以帶動一下百貨的人流。但老實說，一開始我對這樣的合作並不是很有信心，汐止遠雄當時的人潮並不算多，我心裡非常猶豫，畢竟開快閃店的成本不低，人事、租金、裝潢都需要投入大量的資金。

當時太太也勸我：「試試看嘛，或許可以打開新的通路。」抱著姑且一試的心態，我答應了遠雄百貨，進駐兩個星期，地點是在汐止遠雄的地下一樓美食街（現在大家熟知的那一區，有爭鮮壽司、甜甜圈店等品牌的地方）。當時我心裡暗想，至少這個區域應該還是有基本人流，怎麼樣也不至於太差。

但事實證明，我們真的太樂觀了。

兩個星期下來，情況簡直慘不忍睹，平日一天的營業額竟然不到五百塊錢，連支付員工的薪水跟百貨的租金都不夠。假日稍微好一點點，但最多也不過是一千多元的營收，扣掉成本仍然是大幅虧損。結算

Part 4 品牌再造力｜系統化經營與未來藍圖

下來，這兩個星期的快閃店讓我們狠狠地虧損了好幾萬元。

第二次快閃店機會到來

那時候，我曾經非常懊惱，想說早知道不該冒險，何必花錢又浪費精力呢？但在失敗之餘，我也開始思考，快閃店究竟是不是真的這麼沒有前景？當時心中有個聲音告訴我：「或許，不是快閃店的模式有問題，而是我們選錯了地點。」畢竟汐止遠雄的客層與我們的產品可能並不是那麼契合，也許換個地方，效果會不一樣。

於是，在經過深思熟慮後，我決定再給快閃店一次機會。但這一次，我們決定把目標放在台北市的市中心──忠孝東路 SOGO 百貨，因為我認為，台北市區的人潮與購買力絕對比汐止遠雄強太多，而且我們的產品更符合都會區年輕人與家庭主婦的需求。

但這時候，問題來了，像 SOGO 這樣知名的百貨公司，怎麼可能

> 經歷過第一次快閃的慘痛失敗經驗，第二次快閃的大成功使我意識到：選對地方、選對產品，才是快閃成功的關鍵。

讓我這樣一個新品牌輕易進駐？坦白說，當時我也沒什麼把握。然而，非常幸運的是，因為我們那時候正好有一款爆紅的產品——千層吐司，這個爆品在社群媒體上的熱度非常高，因此吸引了 SOGO 主動來接洽。

掌握快閃店成功關鍵

進駐 SOGO 的決定並不輕鬆，因為成本更高，壓力也更大，但我咬著牙還是答應了這次的合作。我告訴自己，既然前一次失敗了，這一次就要用盡全力去拚一把。

沒想到，這一次的快閃店竟然一炮而紅！第一天開幕，人潮就爆滿，我們店內的千層吐司迅速被搶購一空。接下來的每一天都是排隊人潮，甚至有許多人是特地從外縣市趕來買吐司，這種盛況是我當初在汐止遠雄時完全沒有預料到的。

那兩個星期下來，我們不僅賺回了之前的虧損，還額外賺到了不少利潤。更重要的是，透過這次 SOGO 快閃店的成功，我們品牌的知名度大幅提升，連其他各大百貨公司也開始主動邀約我們，希望我們也能進駐快閃店。

從那個時候開始，我意識到：**「原來做快閃店，選對地方、選對產品，才是成功的關鍵。」** 我們掌握到了市場上快速竄紅的千層吐司這個爆品，再透過社群媒體大量曝光，再加上選擇位於市區黃金地段的快閃店，這些條件結合在一起，就能夠創造非常驚人的效果。

從此之後，我開始大量複製這種成功的模式，透過千層吐司這款明星商品，我們陸續進駐了台北、新北、桃園、新竹、台中甚至高雄等地各大百貨公司的快閃店，最巔峰時期，一個月內我們同時進駐 13 家百貨公司，簡直忙到不可開交。

建立一套完整的快閃店 SOP

經營快閃店的過程中，我也逐步建立了一套完整的 SOP。我們精準控管成本、管理人員排班、控制產品數量，更懂得運用社群媒體與部落客的力量提前炒熱話題，甚至在每一次進駐之前，都會透過預購、限量、優惠組合等方式，提前吸引消費者目光，讓每一場快閃店活動都能達到最大的經濟效益。

當然，這個過程也不是完全順利，我們偶爾還是會遇到地點選擇失誤或天候因素，導致營業額不如預期，但這些經驗反而讓我們更懂得如何進一步調整經營策略與選擇更適合的場域。

如今，再回頭看看最初在汐止遠雄的那一次失敗，心中反而滿懷感激，因為正是那一次的挫折，才讓我意識到快閃店的選址與產品定位的重要性，也讓我願意更積極、更大膽地去嘗試新的策略與挑戰。

快閃店的模式，現在已經成為我品牌經營中非常重要的一環。它不僅幫助品牌快速打響知名度，也讓我們能夠用最短的時間接觸到最多的消費者，更重要的是，透過快閃店，我們不斷測試市場的反應，能更

精準地調整產品與經營策略。

我相信，未來快閃店將持續成為我經營上的重要利器，也會成為我們品牌持續創新與擴張的重要基石。每一次快閃店的成功，都像是在市場上打出一次漂亮的安打，雖然偶爾也會有失誤，但只要持續學習與調整，我們的品牌就會在競爭激烈的市場中，不斷成長茁壯，成為消費者心中無可取代的選擇。

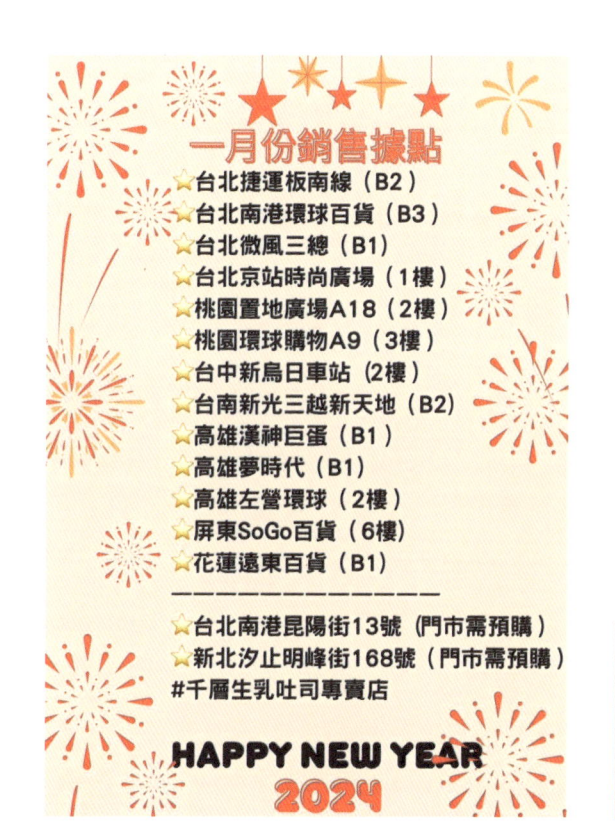

一月份銷售據點
⭐台北捷運板南線（B2）
⭐台北南港環球百貨（B3）
⭐台北微風三總（B1）
⭐台北京站時尚廣場（1樓）
⭐桃園置地廣場A18（2樓）
⭐桃園環球購物A9（3樓）
⭐台中新烏日車站（2樓）
⭐台南新光三越新天地（B2）
⭐高雄漢神巨蛋（B1）
⭐高雄夢時代（B1）
⭐高雄左營環球（2樓）
⭐屏東SoGo百貨（6樓）
⭐花蓮遠東百貨（B1）
————————
⭐台北南港昆陽街13號（門市需預購）
⭐新北汐止明峰街168號（門市需預購）
#千層生乳吐司專賣店

HAPPY NEW YEAR 2024

我們快閃店在全台各百貨公司最高記錄，一個月曾經高達 13 家同時進行。

Part 4 品牌再造力 ｜ 系統化經營與未來藍圖

第十一章

從陌生開發到全台知名品牌

　　陌生開發不是拜託人家幫你，而是你要讓對方看見：你準備好了、你真的理解市場、你帶來的是有商機的產品、你可以自己做，但願意合作。

　　挨冷眼、被洗臉的過程，是我成為「被記住的人」的必經之路。

陌生開發不是賣產品，而是累積信任與實力

　　很多人以為爆品行銷靠的是網路聲量、流量密碼、關鍵字下得準。但實際上，在這些「華麗數字」出現之前，我花費最多心力的，其實是「陌生開發」。開車兩小時、講十分鐘、還被人家冷臉對待，這些我都經歷過。但就是這樣一趟又一趟的陌生拜訪，幫我一點一滴建立起市場的信任值。

從無到有的開發之路

　　我印象最深的一次，是疫情那幾年，我想做一款台式馬卡龍，想找一間設備齊全、品質穩定的代工廠配合。如前所述我曾經去接洽一家

> 很多人以為爆品行銷靠的是網路聲量、流量密碼、關鍵字下得準。但實際上我做的最多的是「陌生開發」。透過一趟又一趟的陌生拜訪，幫我一點一滴建立起市場的信任值。

工廠，負責人是第二代接班人，並非烘焙出身。過程雖然不太順利，也讓我知道合作廠商應該具備的條件。

也正因為諸如這樣的碰壁，我更堅定要找到真正理解彼此、能平等溝通、願意攜手解決問題的合作夥伴。最後，我找到了那家真正「說得來」的工廠——對方不只聽得懂產品語言，也願意一起討論製程優化和出貨細節。我們之間不是高高在上的單向關係，而是實打實的雙向協作，這才是我理想中真正的長期夥伴。因為我們的產品，是走到市場、會創造銷量的，是被團媽、行銷公司、便利商店、消費者「點名」

要的。這才是價值所在。

那次後來沒合作。但我不後悔，因為這種過程對我來說，就是累積市場真實回饋的養分。

陌生開發失敗，但也會留下印象

陌生開發最怕的不是被拒絕，而是讓人「沒印象」。就算沒合作，但只要你讓對方留下印象——你準備很充足、你講得出市場需求、你不是來亂槍打鳥——下次遇到別人問：「你有沒有合作過誰誰誰」，你可能就會被提起。**信任感不是廣告撒出來的，是一次次誠實的對話，能落地、兌現的的提案和承諾。**

創業初期，我常常一早出發開車兩三小時，就為了跟某家合作對象碰個面。很多時候談不到十分鐘，對方沒興趣，連試吃都懶得試。也有的時候，我正講得口乾舌燥，對方問：「你是誰啊？你是哪個品牌？」你可能會覺得被打擊，但我從不這樣看。我知道，這就是市場磨出來的底氣。當你願意走這條路，願意低姿態聽市場怎麼說，那你就有一天會變成別人指名要找的人。

所以我常說：「你有沒有辦法讓對方覺得，是幫你，還是幫他自己？」陌生開發不是拜託人家幫你，而是你要讓對方看見：你準備好了、你真的理解市場、你帶來的是有商機的產品、你可以自己做，但願意合作……。

如果你能做到這些，人脈、品牌、資源都會自己來找你。

別怕沒人認識你，怕的是你沒準備好

現在很多行銷公司、團購主、甚至通路窗口，會直接來找我說：「我只想跟你合作，因為你出的東西會賣。」這些不是靠名氣，而是靠之前一段段「被拒絕卻沒退縮」的陌生開發旅程，所累積起來的實戰信任。當你真的能解決問題、創造價值，你就會變成那個「不需要自我介紹」的人。

陌生開發這件事，沒什麼浪漫的故事，只有汗水、被拒絕、與

很多行銷公司、團購主，甚至通路窗口會直接找上門，這不是靠名氣，而是靠累積出來的實戰信任。圖為前來尋求合作可能性的日本通路商。

| **Part 4 品牌再造力** | 系統化經營與未來藍圖

一次次的試探。但如果你能撐過那些冷眼與不信任，撐過那些「你是誰？」的問號，最終你會站上舞台，變成那個「被市場記得的人」。

給你從創意到爆品的完整商業地圖

在前面的文章中，我分享了從情報蒐集、快速研發、產品測試到維持市場熱度的每一步策略與方法。現在，我將這整個過程整理成一張清晰的商業地圖，幫助讀者一步步複製我們的成功模式。

步驟一：情報蒐集與市場定位

- 持續關注市場趨勢（國內外流行資訊、季節性產品）。
- 透過團媽、消費者與合作夥伴反饋找出市場需求點。

步驟二：產品設計與微創新

- 在熟悉的產品基礎上，進行微調與創新（例如尺寸、口味、包裝）。
- 迅速進行產品設計，以降低市場教育成本。

步驟三：快速研發與試樣

- 建立與代工廠、包裝商和供應商的穩定協作關係。
- 72小時內完成產品試樣，供市場快速測試。

步驟四：市場測試與即時反饋

- 透過團購渠道快速測試,驗證產品市場接受度。
- 迅速收集市場回饋並即時做出產品調整。

步驟五:規模化量產與通路鋪貨

- 一旦確認市場接受度,立刻進行量產,並整合多元通路快速鋪貨(便利商店、百貨超市與網路平台)。

步驟六:維持市場熱度

- 每兩週穩定推出新品,維持消費者對品牌的持續期待。
- 利用故事行銷與情感連結,建立消費者忠誠度。

　　掌握這個流程與節奏,你也能夠打造屬於自己的爆品商業模式。重要的是保持敏捷、持續創新,並隨時聽取市場回饋。

　　這一路走來,我們憑藉的正是這套系統化、可複製的成功模式。希望這份商業地圖,也能幫助你在自己的領域中創造出下一個爆品。

第十二章

未來的行銷及連鎖加盟計畫

　　我們運用影音與社群導購打造整合式行銷架構，規劃新品與內容共振的經營藍圖；同時設計三階段加盟方案，協助創業者快速上手、共享品牌資源，擴展穩健可複製的事業平台。

　　在市場策略方面，我們計畫透過新型媒體渠道，如影片、短視頻平台來進行新品發表。未來這十道新品將以影片形式逐步推出，並配合這本書的出版形成立體 3D 的行銷網。如此一來，消費者可以即時購買到影片介紹的產品，這種即看即買的模式，將能極大化提高產品的轉換率。

整合營運架構的新型行銷模式

　　此外，目前我們正在研發的產品，是結合台灣特色元素的創新茶點——小雞餅。這個對我來說，不只是點心，更是一段烘焙人生的起點。這種跨界的產品研發，不僅能夠引起消費者好奇心，更容易透過網路媒體與團購通路快速推廣。

我與小雞餅的故事：從父親的手中接過的味道記憶

還記得開店第二或第三年時，父親在深夜十點多，一邊指導我製作小雞餅，一邊講述來自日本的技術傳承原由。這個配方我們更是做到凌晨才算說明完全，我學會的不只是配方，而是他完整傳授給我的唯一一道手藝，這更是我們父子兩人傳承與創新的奇妙結合。

現在，經過多年研發爆品的訓練，我願意趁這個機會完全不藏私地將配方完整公布出來，因為希望更多人能做出這分感動。

小雞餅的餅皮還能延伸出多種創意造型，我試過做成香蕉樣子，再用巧克力和色素裝飾，效果驚人。未來，我想把這些創意分享到網路平台，讓更多人看見、學會，也一起延續這分傳承與創新交織的滋味。

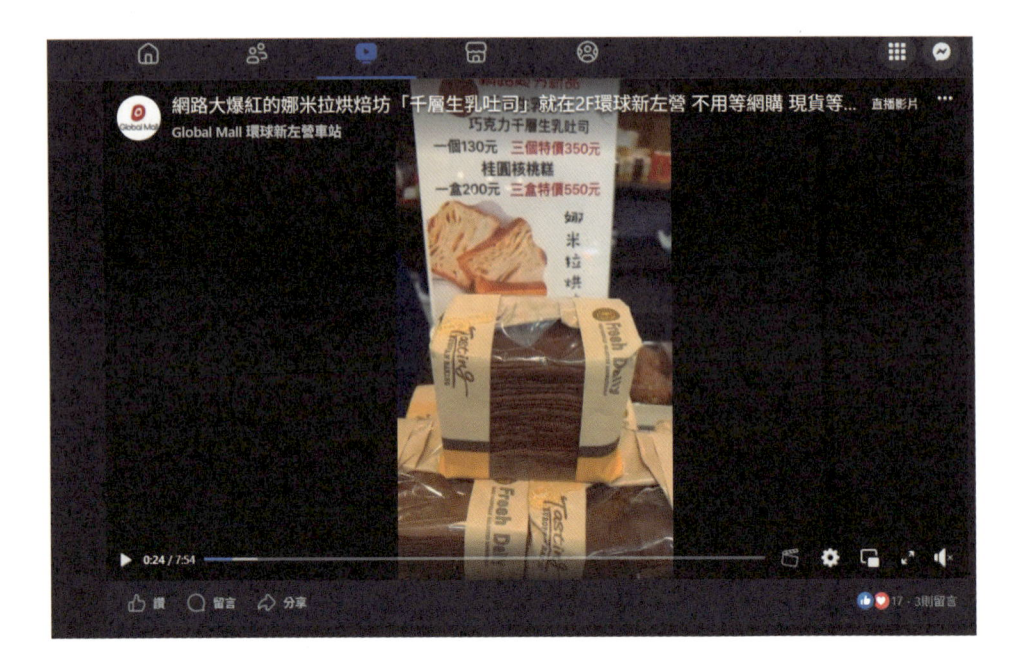

在我們的第五代整合營運架構中，將拓展「直播導購」業務，透過線上影片直播介紹新產品，即時引導消費者下單。資料來源：娜米拉烘焙坊臉書：https://www.facebook.com/namila168/photos?locale=zh_TW

　　這種新型的行銷模式，也將納入我們的第五代整合營運架構之中。目前，我們已經擁有街邊店、連鎖門市、電商、團購、百貨公司與超商等多元通路，未來我更計畫拓展「直播導購」業務，透過線上影片直播介紹新產品，並即時引導消費者下單。這種模式雖然可能需要投入更多人力與資源處理顧客服務，但對於提升品牌曝光度與產品銷量，將有極大的幫助。

在我們的第五代整合營運架構中,將拓展「直播導購」業務,透過線上影片直播介紹新產品,即時引導消費者下單。畫面取自娜米拉烘焙坊臉書。

下一階段的行銷經營藍圖

然而,我也深知這樣的模式必然面臨挑戰。直播導購可能吸引大量詢問但未購買的消費者,增加團隊的服務負擔。因此,我將專門安排人力負責即時回覆消費者問題,並透過系統化的客服工具來降低服務成本,提高效率。

更重要的是,這十道新品必須與出版的內容密切結合,使消費者在購買產品的同時,也能獲得製作方法與背後的研發故事。這種內容行銷策略將有助於提升產品的附加價值,建立更深厚的消費者忠誠度。

此外,我計畫進一步深化與各類通路商的合作關係,包含超商、便利商店、量販店以及新興的社群電商平台。我相信,透過更多元的通路,產品曝光的範圍將更廣,進一步提高品牌知名度與市場占有率。

透過更多元的通路,產品曝光的範圍將更廣,可以提高品牌知名度與市場佔有率。未來我們將進一步深化與各類通路商的合作關係。畫面取自娜米拉烘焙坊臉書。

同時,我將持續進行內部員工的培訓與能力提升,特別是在產品

Part 4 品牌再造力 ｜系統化經營與未來藍圖

開發、市場分析與顧客服務方面。公司內部將建立起完善的教育訓練制度，使團隊能更精準地掌握市場趨勢，迅速應對市場需求。

在品牌管理上，我也將更加重視品牌故事的打造與傳播，讓消費者不僅購買產品，更認同品牌背後的價值觀與企業文化。透過故事性與

透過更多元的通路，產品曝光的範圍將更廣，可以提高品牌知名度與市場佔有率。未來我們將進一步深化與各類通路商的合作關係。資料來源：娜米拉烘焙坊臉書：https://www.facebook.com/namila168/photos?locale=zh_TW

情感性的溝通，我們能夠更深入消費者內心，進而形成長期且穩固的品牌忠誠度。

未來連鎖加盟計畫

我所規劃的連鎖加盟體系，將不只是單純的門市拓點，而是一套完整的品牌複製方案，預計分三階段進行：

- **第一階段為「品牌體驗店建立期」**

將在北中南三個核心城市**開設示範門市**，做為營運流程標準化、教育訓練完善化、品牌識別系統統一化的樣板。

- **第二階段為「加盟選點與招募期」**

我們將設計一套選點分析模型，**評估目標加盟主的經營潛力與區域消費力，並進行面試審核**，確保品牌價值與理念的延續性。每一位加盟主都需接受不少於 80 小時的實體與線上訓練，內容包含產品製作、門市管理、顧客溝通、社群行銷等，並由總公司派專人進店輔導前期營運。

- **第三階段為「區域代理與複製擴展期」**

選拔具有經營實績與團隊能力的加盟主，進一步發展為區域代理人，負責該地區的加盟招募、教育訓練與營運支持。此階段也將開放海外市場，針對華人市場先行推廣，如新加坡、馬來西亞、香港等地，並

評估中長期進軍歐美日韓市場的可能性。

為支持加盟體系穩健發展，總公司將提供如下資源與系統支持：

- 中央工廠供貨機制，確保品質一致性與原物料控管；
- 營運 SOP 電子化系統，包含進銷存、排班、人事與顧客回饋管理；
- 定期產品升級與促銷活動企劃，由總部統籌推動，提高顧客回流率；
- 行銷素材統一製作（圖片、影片、文案）供加盟店快速使用，節省人力與時間；
- 每年兩次全品牌大會，分享經營案例與新品試吃，凝聚加盟主向心力與共同成長的企業文化。

這套加盟體系的核心精神是「輕資產、重支援、高整合」，將幫助加盟主以在風險可控的情況下快速上手，同時共享品牌的研發成果與行銷資源。

綜合以上策略，我深信未來的烘焙產品與業務規劃將能協助品牌持續創新並穩健成長，邁向更廣闊、更具競爭力的市場舞台，也為有志進入烘焙業的創業者提供一個穩定、可複製且具備成長性的商業平台。

Part 5

爆品研發室
食譜創新
×
商業模式

我曾成功打造過多款熱銷「爆品」,靠的是創新思維與快速商品化流程。透過情報蒐集、與團媽合作、結合季節食材,再加上與行銷通路的緊密聯手,迅速推出貼近市場需求的新產品,同時建立起高效供應鏈與穩定的信任體系。

這個單元旨在分享自己在爆品開發、合作模式與創新策略上的做法,希望這些從創意到市場的實戰經驗,能提供實用的參考與啟發。

Part 5 爆品研發室｜食譜創新 × 商業模式

第十三章

品牌的商業模式與合作對象

我的角色，其實就是個「創新供應中心」。不斷創造新話題、新爆品，然後搭配強大的製造與出貨能力，讓合作夥伴願意找我、信任我、長期合作。

說起來，其實我的優勢很明確——我不是靠規模取勝，而是靠「速度」和「創意」打開市場，再靠「通路整合能力」穩住盤面。

爆品帶動的合作模式

我記得第一次讓外部行銷公司主動找上門，是因為我們推出了一款「千層生乳吐司」。當時大家還在流行古早味蛋糕、輕乳酪，我突然想到：「為什麼不能把千層酥皮的香、吐司的飽足、加上日本北海道生乳的滑順，做成一款新型態的烘焙主食？」然後說幹就幹，我花了一週時間試配方，找到適合冷藏保存又不影響口感的比例，推出不到一個月，光是在團媽社群裡就引爆搶購潮。那時有三家行銷公司同時找上門，說要代理這款產品，我才意識到：「原來只要我能不斷產出『爆

品』,他們就會自動來談合作。」

合作模式很簡單也很務實。他們有穩定的通路、熟絡的人脈,比如他們能搞定全家便利商店、7-ELEVEN 這種量體大的通路,我則專注於產品端。以全家為例,他們有一天早上跟行銷公司說:「我們想找一款蛋糕產品,下午就要開團。」結果中午我就把產品送到他們辦公室會議上,當天就敲定了訂單。這個「蛋糕爆品」後來一口氣打出三萬顆的銷售量。

與行銷公司的互信關係

另一個代表作是我們的「布丁系列」。市面上的布丁大多甜膩、普通,我思考的是:能不能做一種大人也愛、小孩吃得開心、重點是吃了還會想再買的布丁?我選了偏日系路線的焦糖布丁,降低糖度但保留香氣,重點是滑順感和焦香味。後來還推出限定口味,比如焙茶布丁、鐵觀音布丁,一出手就是每月三萬顆起跳的量。

這樣的合作關係,說穿了就是信任。行銷公司只要提出需求,比如說要十款烘焙產品,他們不想找十家代工廠來對接,他們只找我。我可以做的,我就自己做;我沒空做或量不夠時,也有一整套熟悉的代工鏈可以分配處理。對他們來說,只需要面對我一個窗口,溝通成本極低,效率極高。對我來說,有穩定的量,也能專心開發下一個爆品。

| **Part 5 爆品研發室** | 食譜創新 ✕ 商業模式

　　當然過程也不是都一帆風順。曾經有合作過的某家小行銷公司，出貨之後跑單，讓我損失三十幾萬。那時我心裡很悶，三十幾萬說多不多，但也可以買三台機車了。後來我就決定，除了熟識的、長期合作的夥伴外，基本上款項要月結、流程要清楚。而且現在我大多集中在北部合作，方便控管，減少收款與運送上的風險。

持續創造爆品吸引通路

　　也有朋友問我：「你怎麼不直接做電商？直接面對消費者，一手交錢、一手交貨，不是更好掌控嗎？」但我總是搖頭笑笑說：「你覺得我出 1000 顆蛋糕，是跟一間行銷公司講一次好？還是回 1000 個消費者的訊息好？」消費者問的問題五花八門，時間成本太高。而且他們的消費頻率也不穩，今天買 A，明天換 B，不像行銷公司或團媽，是每個月穩定下單、每批幾百幾千顆。

　　我的角色，其實就是個「創新供應中心」。**不斷創造新話題、新爆品，然後搭配強大的製造與出貨能力，讓合作夥伴願意找我、信任我、長期合作**。這也是為什麼，我從來不擔心找不到通路。只要我能持續端出新東西，他們就會持續來敲門。

　　說到底，我這一行最怕的就是沒東西可賣。而我，就是不斷製造「有得賣」的那個人。

我們在捷運中山站地下街的快閃店，找來樂天桃猿職棒隊的樂天女孩做促銷，效果顯著。

直接做電商必須直面消費者五花八門的問題，時間成本太高，同時他們的消費頻率也不穩。所以我致力於成為「創新供應中心」，吸引通路主動來找我。

第十三章 品牌的商業模式與合作對象

Part 5 爆品研發室 ｜ 食譜創新 ✕ 商業模式

第十四章

深度創新：打造爆品的行銷模式

靈感一來，如果開發速度慢，別人就會先搶市場。而所謂的「快速商品化流程」，不是一味求快，是每段流程都提前布局好，一有靈感就能直接執行。

很多人以為做食品研發的創意，都是靠天分、靠靈光一閃。但其實，我的**創意來自很「土法煉鋼」的做法：蒐集情報、觀察趨勢、快速判斷，然後放進我的生意機器裡去測試。**

靈感從哪裡來？我的情報蒐集法則

超級情報員──我合作多年的團媽們

我從不靠單打獨鬥，我的情報網遍布台灣、日本、韓國，甚至擴及到我的合作夥伴，你沒聽錯，是團媽們。團媽比你想像中還會看趨勢，日本紅什麼，台灣就跟著爆！

平常我就會看很多資訊：便利商店的新品上市公告、日本甜點流

行排行榜、韓國 IG 熱門烘焙帳號、有什麼甜點在爆紅？哪種包裝方式最新？我都會留意。但光靠這樣還不夠。我有一群超級情報員——我合作多年的團媽們。

這些團媽平常除了開團、帶貨外，她們出國玩也會隨手拍下看到的特別甜點、麵包、新口味，傳給我。她們知道我有能力把一張照片變成真實的商品，所以只要有新鮮的東西，她們會第一時間給我線報。

布丁蛋糕可麗露：七天打造的日本熱潮甜點

有一次，一位團媽從日本回來，傳了一張照片給我，是一款剛在東京爆紅的甜點：「布丁蛋糕可麗露」。外型很特別，介於布丁與戚風蛋糕之間，吃起來滑順又有蓬鬆感，在口感上讓人印象深刻。

我一看，直覺告訴我：「這東西台灣會紅！」當時全日本只有 300 家門市能買到，連日本麥當勞都還沒全面發售。我二話不說，當天就安排開發。這就是我一貫的作風——有靈感就動手，快、狠、準！

三天內，就請研發團隊交出樣品。接下來三天整合包裝、提案、試吃、設定價格、溝通通路，整整七天，一款來自國外熱潮的甜點，就在台灣誕生了。

這款布丁蛋糕一上市就造成轟動，團媽搶著開團，全家便利商店也火速下單，短時間內賣出了 6 萬顆，創下破 300 萬銷售額。

Part 5 爆品研發室 ｜ 食譜創新 × 商業模式

之前推出的爆品「布丁蛋糕可麗露」，靈感來自日本東京的熱門甜點。我們用最快的速度完成開發、整合包裝、提案、試吃、找通路。短短七天，一款來自國外熱潮的甜點，就在台灣誕生了。資料來源：娜米拉烘焙坊臉書：https://www.facebook.com/namila168/photos?locale=zh_TW

情報要接地氣，也要懂「節氣」

除了國外資訊，我還會依照台灣的季節、節氣與農產週期來預測下一波可能會紅的產品。比如說：2 到 3 月是草莓季，一定是甜點主力，草莓蛋糕、草莓布丁、草莓奶酥吐司都可以變化；5 月有芒果，搭上母親節就能推季節限定款；10 月有地瓜、中秋節，適合包進烤類、麵包；12 月到 1 月是耶誕節和農曆年，適合走「禮盒」與「送禮」品項。

農產品就是季節的節奏表，懂得讀這張表，就不會錯過每一次「自然的行銷檔期」。

每次爆品背後，都有一套情報邏輯

有些人覺得我是「創意爆棚」，其實我只是對情報敏感、行動迅速而已。**創新不是關在辦公室自己冥想想出來的，而是用大量資訊換出一條產品路徑。**所以這裡我要給創業者的建議是：「不要等靈感來敲門，要學會建立自己的情報網路。」

搜尋情報的途徑包括：

- 每週固定關注幾個日本、韓國的甜點通路網站
- 追蹤 IG 上的甜點趨勢帳號
- 主動和團媽、行銷公司聊聊他們看到的流行現象
- 用農產品季節表排出可能對應的食材新品

我的每一個爆品背後，都是這些情報交織的結果。

創新不是從 0 到 1，無中生有

消費者願意買單的創新——熟悉中帶一點新

有次我在團媽群裡丟出一款新蛋糕，有人留言說：「怎麼感覺你每

Part 5 爆品研發室｜食譜創新 × 商業模式

> 開發新爆品不能一味埋頭苦幹，情報蒐集非常重要，除了我的合作夥伴、消息靈通的團媽們，我自己也會不時去查看各國網站，尋找研發靈感。資料來源：「食べログ百名店」https://award.tabelog.com/hyakumeiten/

次都能發明新口味？」我笑著回：「我不是發明，是組合。」

其實很多人對創新的理解是錯的。他們以為創新是從 0 到 1，是沒人想過、沒人看過的東西。但在食品業，尤其是要快速賣出高量的產品，這樣的創新反而風險極高。對我來說，真正能走得長遠的創新，是從「熟悉」出發。

我問你，如果你喜歡吃鳳梨麵包，我推出以下幾款，你會試試看哪一個？抹茶鳳梨麵包、明太子鳳梨麵包、奶酥鳳梨麵包、墨魚雜糧麵包（跟鳳梨無關），十個人裡有八個會選前面三個。這就是創新的核心：從熟悉感切入，再慢慢做出新感覺。

我曾做過一款麵包叫「國王派」,在法國很紅,是過年吃的復活麵包,口感香酥、造型特別。但一丟到台灣市場,沒人懂,連團媽都問我:「這是什麼?要怎麼吃?」我才發現——市場不熟悉,行銷教育成本太高,轉換率太低。

與其硬推這樣的產品,我不如推一款「草莓奶酥千層吐司」,消費者熟悉「草莓」、愛「奶酥」、知道「千層吐司」,再加一點新元素,他們會更有信心去嘗試。

創新不能慢吞吞

創新 × 速度 × 整合,決定產品命運。

> 創新不是從 0 到 1,對我來說,創新的核心是從熟悉感切入,再慢慢做出新感覺。圖為 2019 年我參加第一屆創意漢餅大賽,取得了創意獎。

| **Part 5 爆品研發室** | 食譜創新 × 商業模式

　　靈感來的時候,如果你開發速度慢,別人就會先搶市場。就像我們做「難哄蛋糕」,靈感來自某部熱播陸劇的結尾蛋糕畫面。我看到那畫面,立刻找師傅討論。兩天後做出樣品,搶在市面上第一波推出,結果爆單接到手軟。

　　等你慢慢來,可能草莓季結束了、劇不紅了,消費者熱情也退了。創新如果不能結合速度,那只會變成落後的嘗試。

我的爆品開發流程大公開

　　很多人聽到我說「一週做出一款新商品」,都會傻眼:「你是怎樣?不用睡覺嗎?」其實秘訣不在我多會做蛋糕,而是我後面有一整套快速反應的供應系統。

「難哄蛋糕」這種爆品就是要快、狠、準,一次到位,才能搶得先機與商機,慢就沒有了!

一週打造爆品：從靈感→研發→提案→鋪貨，每一步都要快狠準！

日程	工作進度	工作思路
Day 1	靈感確立 設計產品定位	靈感一來，我會立刻問自己幾個問題： 1. 對象是誰？（年輕女性？親子族群？上班族？） 2. 哪個通路合適？（團媽？便利商店？百貨超市？） 3. 有沒有過往類似的成功經驗可參考？ 這樣一整理，我就知道這款產品的方向要往哪裡走。然後我就準備下單了。
Day 2-3	請研發團隊 交出樣品	我不自己研發，但我知道怎麼整合資源。我把構想、口感說明、圖片參考一起交給研發夥伴（像德麥這種上市公司），給他們三天時間交樣。 像布丁蛋糕這個商品，我會說：「我要日本布丁那種滑順感，加一點蓬鬆空氣感，要入口即化，但不能像奶酪太軟。」這些指令讓他們知道該怎麼處理，而我每年下的大量訂單，是他們配合我的原因。
Day 4-5	包裝設計 試吃反饋	樣品出來後，我會馬上安排包裝設計讓團媽試吃，這些都是提前準備的名單與流程。試吃完，蒐集反饋後修正配方，這樣子幾乎不用超過兩輪就可以敲定食譜。
Day 6-7	進行提案 安排鋪貨	如果反應好，我就排進團購開團週期；若有行銷公司來，我就直接提案，說：「這是爆款，建議你們先搶，晚了會被別人搶走。」他們怕失去先機，自然就會接單。 以上就是我所謂的「快速商品化流程」。不是為了拼速度而快，而是每一段流程都提前布局好了，一有靈感就能直接執行。

Part 5 爆品研發室 ｜食譜創新 × 商業模式

第十五章

什麼叫做「爆品」？

做生意不是靠單一招式，而是靠一整套會運作的機制。

我不靠運氣吃飯，我靠的，是我打造出來的整合能力與產品系統。

有一次我在群組分享某款產品的試吃照片，大家反應熱烈，但我心裡很冷靜。我知道，讚美是一回事，能不能賣得動，才是重點。

我訂下的業績標準

數字會說話，感覺不能當飯吃

在我這邊，有個明確的規則：產品推出後，如果在一到兩個月內沒達到 100 萬業績，那就不能算是爆品。同時不是銷量多就好，而是「我這邊收到的錢」要夠。

很多人誤以為，市場賣出 300 萬，就是我賺了 300 萬。其實不然。我賣給團媽的價格，可能是每顆 50 元，他們團購價格是 100 元。那我

斑蘭蛋糕　可麗露　千層生乳吐司　麻糬地瓜燒

> 過去幾年來，我持續推出成功產品，不斷維持市場的高熱度。如何透過策略性的運營，讓消費者始終感到新鮮與期待？這是個非常重要的課題。

的實收就是 50 元一顆。要賺到 100 萬，我就要賣出兩萬顆。這才是我自己真正掌握到的營收。

　　以布丁蛋糕的實戰數字為例，這款產品初期是在團媽市場測試，短短兩週就賣出超過 3 萬顆。我這邊實收破 160 萬，代表這支是成功的爆品。這還只是第一波市場，接下來進入全家便利商店、行銷公司鋪貨、百貨超市展售，總量還會繼續成長。而我們的明星產品「千層生乳吐司」，更是一口氣突破千萬業績，後來還陸續推出黑糖、抹茶、草莓等延伸口味，讓整個系列生命週期延長了好幾季。

| **Part 5 爆品研發室** | 食譜創新 × 商業模式

爆品不是一招打天下，而是「可複製的成功機制」

最重要的，不是靠一個品項撐起公司，而是打造出一套可以不斷複製爆品的流程：

快速情報來源 →高效研發合作 →團媽市場測試 →數字驗證 →放量通路鋪貨 →成功後延伸變化，維持熱度。

這一套機制不只我自己在用，我的合作廠商也信任這個節奏。因為他們知道：只要我說「這支要推」，後面就一定會爆。

開發新品當然也有失敗的。可能團購反應普通、通路不接單、季節搭不上，或是口味太小眾（像榴槤、抹茶這類）。這時候我會立刻停推，轉而將資源集中在下一個有潛力的產品。我不戀棧。因為**真正的重點，是維持整體的爆品輸出穩定度，而不是執著於某一項產品。**

維持市場熱度的秘訣

如何讓消費者持續期待，爆品不斷？

打造出一個爆品並不困難，真正的挑戰是如何讓消費者一直對你的品牌保持熱情與期待。過去幾年來，我持續推出成功產品，不斷維持市場的高熱度。這裡要分享我如何透過策略性的運營，讓消費者始終感到新鮮與期待：

- **穩定的新品節奏**

　　我設定每兩週推出一次新品，形成一種「新品期待」的市場心理。這種規律化的推出節奏能有效培養**消費者的消費習慣**，使他們主動關注每次新產品發布。

- **微創新，保持新鮮感**

　　每次推出新產品，我總會確保產品中至少有一個獨特的亮點。例如，口味上的創新（斑蘭蛋糕的迷你尺寸、黑糖千層吐司等），包裝上的升級，或是搭配節慶與季節性食材，讓產品在消費者心中留下特別印象。

- **故事行銷，打造產品背後的情感連結**

　　消費者購買的不只是商品，更是背後的故事。我會透過社群平台、團購群組與行銷渠道分享產品背後的研發過程、靈感來源，以及我個人的創業故事與經驗，讓消費者感覺到參與感與情感連結。

- **持續傾聽消費者聲音**

　　市場反饋是我們重要的導引，每次新品推出後，我們會主動收集顧客的回饋與建議，快速調整並改善下一個產品，讓顧客感覺他們的意見是受到重視且直接影響產品的研發。

- **精準行銷渠道與多元通路整合**

　　除了團購，我也與便利商店、百貨公司、網路平台建立緊密的合

| **Part 5 爆品研發室** | 食譜創新 × 商業模式

作關係。透過跨通路鋪貨，讓品牌曝光不斷提升，同時觸及更廣泛的消費群體。

這些策略使我們的品牌可以不斷推陳出新，始終保持市場關注度。我從不覺得自己是天才型創業者，只是從不斷失敗、試錯裡，慢慢摸索出一套能活下來、能擴大營運、能建立信任的商業模式。

打造永續商業模式：我不是代工，我是整合者

很多人看到我產品賣得好，會問：「你是哪家工廠？」「你自己做還是找代工？」我總會笑著說：「我不是工廠，我是整合者。」

靠單品撐不起事業，靠爆品機制與通路整合才撐得久。我的角色不是生產者，而是「創意設計者 × 市場導向者 × 通路整合者」。這樣的身份，讓我不需要被製造綁死，反而能更靈活、更有力量去主導整個商業流程。

我的模式：一人串起整條供應鏈

舉一個產品研發生產的例子：

- 靈感來自日本 IG 上爆紅甜點
- 整合團媽意見＋農產品季節時間點
- 找研發廠商打樣，三天內出樣品
- 安排包裝廠與印刷廠配合設計

- 用熟悉的團媽通路測試回饋
- 決定上架通路：便利商店／電商／百貨
- 若爆紅，再規劃聯名合作：農會、品牌、地區特色

這條研發生產供應線，我自己跑得比任何業務都快。而我唯一專注的，就是「開發一款又一款讓人想買的產品」。

通路是我的護城河，團媽是我第一線的盟軍

我有超過五大通路線：團購群、超商、電商代理、百貨超市、OEM 通路。**這些線路不是用廣告買來的，而是長期合作累積出來的信任網。**

有時候團媽會說：「你那支產品，我這週不想賣了。」沒關係，我直接轉給 B 團、C 團。有時候超商開出需求：「要在耶誕節推出黑糖禮盒。」我馬上聯繫寶山農會，推出聯名版黑糖千層吐司。就這麼快。

品牌越強，越多人找你聯名。這不只是產品力，而是整體整合力與市場回應速度的體現。

我不只賣蛋糕，還賣選擇

每個成功的生意人，其實都在賣「選擇權」。我打造的，是讓合作對象能夠放心選擇的系統──選擇跟我合作，就是選擇速度、選擇市場力、選擇不間斷的爆品供應。

Part 5 爆品研發室 ｜ 食譜創新 × 商業模式

　　做生意不是靠單一招式，而是靠一整套會運作的機制。我不靠運氣吃飯，我靠的，是我打造出來的整合能力與產品系統。這條路我會一直走下去，並且不斷優化。只要還在市場，我就會持續產出，因為——「我不是代工，我是爆品的源頭。

> 從菠蘿麵包的單一店面（左圖）一天賣 100 個，到爆漿菠蘿餐包（右圖）一個月賣 7 萬個，標示著我的角色不只是單純的生產者，而是「創意設計者 × 市場導向者 × 通路整合者」，已經成為有能力的「創局者」了。

Part 6 爆品全公開

30款不藏私熱銷配方

從第一代街邊社區型麵包店,到如今第五代的品牌整合與爆品量產期,為了推動公司穩定成長,我們不斷推陳出新,以持續創新為目標。傳統經典產品如奶油吐司、紅豆麵包、菠蘿奶酥麵包等,都是消費者日常生活不可或缺的品項,但無法成為所謂的「爆品」。

經過大量市場調查與國際趨勢分析後,我將食譜規劃分成三個明確階段:第一階段是經典基礎款,第二階段是近十年內曾風靡市場的流行款,第三階段則是未來可能掀起熱潮的新型爆品。(尤其未來這十道新品,才是我真正的著墨重點。)

在這單元裡,篩選各階段的代表作品,除了與喜愛西點麵包的食客分享美食資訊之外,也希望對計畫從事烘焙業的朋友有所啟發。

Part 6 爆品全公開 ｜ 30 款不藏私熱銷配方

第一章

經典款｜傳承中的永恆記憶

只有認真用心地對待每一個看似普通的產品，才有可能讓它們真正成為永恆的爆品。

回想起我剛踏入麵包這個行業時，自己經營的小店總是瀰漫著麵粉的香氣。每天清晨，當社區裡的人們陸續起床時，店裡的麵包也剛好從烤箱裡新鮮出爐。當時，我並沒有想到這些看似普通的「經典款」麵包，日後竟會成為我們店裡最受歡迎的爆品，更是支撐我們一路走過風雨歲月的重要根基。

我至今仍記得，一開始開店時，麵包種類並不算多，但我卻堅持一定要把最經典、最受歡迎的款式做好。所謂「經典款」，就是那些一提起名字，人人都會立即浮現其模樣與味道的麵包。我心中一直有個信念，任何店家若要成功，一定要把基本功做紮實、做穩固。這也讓我在創業之初，就精選了幾種最經典、最具代表性的麵包來做為主打。

在臺式麵包界，有所謂的「四大天王」：菠蘿麵包、紅豆麵包、奶酥麵包，以及香蔥麵包。這四款麵包，看似平凡，但每一款都曾經在不

同時期掀起熱潮，甚至能撐起一家店的整個營收。

經營麵包店這麼多年，從經典款中我領悟到一個重要的道理：只有認真用心地對待每一個看似普通的產品，才有可能讓它們真正成為永恆的爆品。這些經典麵包款式不僅僅是產品，更是一段段深刻而溫暖的回憶，也是我與顧客之間永不褪色的情感連結。

每當店裡飄出這些麵包的香氣時，我心中總會湧起一股說不出的幸福感，因為我知道，這些看似簡單的經典款麵包，承載著無數人的美好記憶，也陪伴我們店家走過歲月的變遷，繼續堅定前行。

第一章 經典款—傳承中的永恆記憶

紅豆麵包

香蔥麵包

起酥（肉鬆）麵包

芋泥麵包

菠蘿麵包

奶酥麵包

Part 6 爆品全公開 | 30 款不藏私熱銷配方

菠蘿麵包｜外酥內軟 永遠不敗

先說菠蘿麵包吧。這是一款外皮酥脆，內裡柔軟的經典款，許多人從小吃到大，從來不膩。我一開始在做菠蘿麵包時，也經歷過許多失敗的經驗。有一次，因為店裡麵糰發酵的問題，導致整個菠蘿麵包外皮不夠脆，麵包一出爐就被客人嫌棄，整天賣不出去幾個。後來，我花了整整一個月不斷調整配方，從酥皮的奶油比例到烘烤溫度，每個細節都不放過，終於烤出一款外脆內軟、奶香濃鬱的菠蘿麵包，也因此成為我們店早期的一大爆品。

★ 美味秘訣 ★

酥皮是決定風味的靈魂，奶油須完全軟化且與糖充分乳化，才能帶出香酥與不膩的口感。若想要更酥可酌量減少蛋液或加入奶粉。

奶油選用發酵奶油，香氣更濃郁。內部麵糰則以高筋粉為主，搭配少量低筋粉可增加柔軟度與延展性。揉麵至出薄膜是關鍵步驟之一，否則麵包內部組織會過密無彈性。整體比例精準、烘烤溫度穩定，再搭配恰到好處的發酵時間，才能做出完美呈現酥與軟交織的黃金菠蘿麵包。

不藏私配方大公開

材料（11 顆）

麵糰

- 中種法：
  高筋麵粉 235g、水 107ml、全蛋 33g、新鮮酵母 8g
- 本種法：
  高筋麵粉 102g、砂糖 70g、鹽 3.5g、煉乳 7g、冰水 75ml、無鹽奶油 40g

菠蘿皮

糖粉 90g、無鹽奶油 110g（室溫軟化）、雞蛋 36g、低筋麵粉 150g

做法

麵糰

1. 將中種法所有材料混合攪拌均勻，中間發酵 1 至 1.5 小時。
2. 將本種法糖、鹽、煉乳、冰水依序加入已發酵麵糰，攪拌均勻。
3. 加入本種法高筋麵粉，攪拌至九分筋膜（韌度）。
4. 加入奶油，攪拌到能拉出薄膜，按壓後看得到指紋。發酵 20 至 30 分鐘後，分成 11 份備用。

菠蘿皮

1. 糖粉加入奶油，打至略微發白。
2. 加入雞蛋，攪拌均勻。
3. 加入高筋麵粉，攪拌均勻。
4. 分割成 11 份，壓扁成圓片，於上壓印格紋。（市面有現成模具）
5. 發酵 30 至 40 分鐘。

烘烤

將菠蘿皮覆蓋在麵糰上，烤箱設定上火 200°C、下火 190°C，烘烤 12 至 13 分鐘，至表面金黃酥脆即可。

🔔 注意事項

1. 酥皮不可壓太厚，否則易下滑或造成底部濕塌。
2. 麵糰發酵過度會導致整體塌陷，影響內部蓬鬆度。
3. 烘烤前記得預熱充足，否則酥皮不易酥化。

Part 6 爆品全公開 | 30 款不藏私熱銷配方

紅豆麵包｜甜而不膩的經典回憶

紅豆麵包承載了台灣人深厚的味覺記憶。市面上的紅豆餡常常過甜，或口感稀爛。我決定自己熬煮紅豆，從選豆開始、控制糖度、保留豆粒口感。試了十幾種配方後，終於找到甜而不膩、綿密又有顆粒感的理想比例。

推出後，紅豆麵包立刻受到社區居民的喜愛，甚至有客人特地從外地開車來帶幾袋回去。它不只是一款麵包，更是一種熟悉又安心的味道。這款經典台式甜麵包後來成為我店內營收最穩定的品項之一，是我理解「回到基本款」的最好證明。

★ 美味秘訣 ★

紅豆麵包的靈魂在於「餡柔不爛、甜而不膩」。紅豆建議使用台灣屏東萬丹或花蓮一號，品質穩定、皮薄不澀。熬煮時先快煮至外皮裂開，再轉小火慢煮，過程中建議加入些許鹽以提升甜度層次。糖可分兩次下鍋：第一次讓豆入味，第二次用來收汁定形。若希望口感更細緻，可將煮好的豆用濾網略壓碎一半，混搭整粒使用。紅豆餡亦可冷凍保存，製作時先退冰控水後再使用。進階者可嘗試加一小撮肉桂粉，創造淡雅香氣。

不藏私配方大公開

材料（11 顆）

麵糰
- 中種法：
  高筋麵粉 235g、水 107ml、全蛋 33g、新鮮酵母 8g
- 本種法：
  高筋麵粉 102g、砂糖 70g、鹽 3.5g、煉乳 7g、冰水 75g、奶油 40g

紅豆餡（或選市售紅豆泥）
紅豆 300g、冰糖 130g、水適量（可覆蓋紅豆 3cm）、一小撮鹽（增味）

做法

麵糰
1. 將中種法所有材料混合攪拌均勻，攪拌到能拉出薄膜，按壓後看得到指紋。發酵 1 至 1.5 小時。
2. 將本種法糖、鹽、煉乳、冰水依序加入已發酵麵糰，攪拌均勻。
3. 加入本種法高筋麵粉，攪拌至九分筋膜（韌度）。
4. 加入奶油揉至薄膜狀態，發酵至 2 倍大，分成 11 份備用。
5. 包入紅豆餡，整型後進行二次發酵 40 分鐘。

紅豆餡
1. 紅豆用水泡 6 小時，瀝乾。
2. 放入鍋中加水熬煮 40 至 60 分鐘，至紅豆熟軟不爛。
3. 加入糖與鹽，再煮 10 分鐘收汁，煮到餡料濃稠、略帶顆粒。分割成 11 等份備用。

烘烤
包餡麵糰表面刷上蛋液，200°C 烘烤 13 分鐘。

🍞 注意事項

1. 熬餡時火不可過大，否則豆易破碎、湯汁混濁，成品失去顆粒感。
2. 熱餡包入麵糰會造成麵糰收縮或爆餡，應完全冷卻後再使用。
3. 餡料水分過多會導致發酵不良，建議餡煮好後冷藏 4 小時以上再使用，餡性穩定較不易出水。

| **Part 6 爆品全公開** | 30 款不藏私熱銷配方

奶酥麵包｜濃郁香甜 老少咸宜

　　奶酥麵包的奶酥餡料看似簡單，但要調配出奶香濃鬱又不甜膩的口感，卻相當考驗功夫。有一次我在趕製大量訂單時，誤將砂糖比例提高了些許，結果當天的奶酥麵包竟然意外大受歡迎。那次的「美麗錯誤」經過顧客的正面回饋，我便將此配方固定下來，從此成為我們店內的熱銷品項。這款帶有童年記憶的麵包，奶香十足又不膩口，至今仍是不少熟客的心頭好。

★ 美味秘訣 ★

　　奶酥的靈魂在於比例的平衡。奶油與奶粉比例須精準，太多奶粉易顯乾口，太少則奶香不足。蛋液可分次加入，視濕度調整稠度，以利成形不塌。餡料冷藏後使用不僅能提升包餡穩定性，也能維持餡體濕潤與滑順口感。麵糰部分不需過度發酵，維持適中彈性與柔軟度即可。烘烤時可視需求噴水霧，有助於表面上色均勻。整體口感應外鬆內香，入口奶香四溢，是大人小孩都喜愛的經典款。

不藏私配方大公開

材料 (11 顆)

麵糰
- 中種法：
  高筋麵粉 235g、水 107ml、全蛋 33g、新鮮酵母 8g
- 本種法：
  高筋麵粉 102g、砂糖 70g、鹽 3.5g、煉乳 7g、冰水 75g、奶油 40g

奶酥餡
無鹽奶油 87g（室溫軟化）、糖粉 72g、奶粉 115g、全蛋 40 g

做法

麵糰
1. 將中種法所有材料混合攪拌均勻，發酵 1 至 1.5 小時
2. 將本種法糖、鹽、煉乳、冰水依序加入已發酵麵糰，攪拌均勻
3. 加入本種法高筋麵粉，攪拌至九分筋膜（韌度）。
4. 加入奶油，攪拌到能拉出薄膜，按壓後看得到指紋。發酵 20 至 30 分鐘，分成 11 份備用。

奶酥餡
1. 奶油與糖粉拌勻。
2. 加入蛋液拌勻。
3. 拌入奶粉混合均勻成奶酥餡，冷藏備用。

烘烤
1. 烤前可在表面劃紋或輕壓造型。
2. 預熱烤箱至 200°C，烘烤約 13 分鐘至表面金黃。

注意事項
1. 奶酥餡須充分冷藏後再包入，否則餡料易軟化變形。
2. 烘烤時間過久會導致外皮過硬、內餡乾裂。
3. 麵糰勿發過頭，以防變形與爆裂。

Part 6 爆品全公開 | 30 款不藏私熱銷配方

香蔥麵包 | 鹹香回憶 每天必吃

　　香蔥麵包，它看似平凡，卻是考驗店家功力的指標。新鮮的青蔥要搭配適量的奶油與鹽，才不會過鹹或過膩，我在製作香蔥麵包時，更是嚴格把關食材品質，只要青蔥有一絲不新鮮，當天就會全部捨棄。許多老顧客跟我說，他們來店裡必定會帶走幾個香蔥麵包，因為在其他地方很難再找到如此用心製作的味道。

★ 美味秘訣 ★

　　香蔥麵包的靈魂在「蔥的新鮮度與油鹽比例」。建議使用葉色翠綠、質地脆爽的本地青蔥，並於製作前最後一刻才拌油、鹽。這樣可避免蔥餡提前出水，也能保留新鮮香氣。若用無鹽奶油，風味更溫潤。麵糰須發酵至剛剛好，不過度膨起，才能與蔥餡穩固結合、不脫層。整體呈現應為外表酥香、蔥味濃郁但不刺激，吃來回甘，是令人一口接一口的經典鹹味麵包。

不藏私配方大公開

材料 (11 顆)

麵糰

- 中種法：
  高筋麵粉 235g、水 107ml、全蛋 33g、新鮮酵母 8g
- 本種法：
  高筋麵粉 102g、砂糖 70g、鹽 3.5g、煉乳 7g、冰水 75g、奶油 40g

香蔥餡

新鮮青蔥（切碎）160g、無鹽奶油 60g、鹽 8g、沙拉醬 40g、全蛋液 120g（2 顆蛋）、熟白芝麻 適量（撒面用）

做法

麵糰

1. 將中種法所有材料混合攪拌均勻，攪拌到能拉出薄膜，按壓後看得到指紋。發酵 1 至 1.5 小時。
2. 將本種法糖、鹽、煉乳、冰水依序加入已發酵麵糰，攪拌均勻。
3. 加入本種法高筋麵粉，攪拌至九分筋膜（韌度）。
4. 加入奶油攪拌，最後發酵 30 分鐘。
5. 分成 11 份，在表面鋪上蔥油餡，撒上熟芝麻。

香蔥餡

將蔥切碎，與奶油、鹽、胡椒拌勻，放置室溫備用（不須加熱）。

烘烤

1. 預熱烤箱 180°C。
2. 烘烤 12 至 15 分鐘，表面上色金黃即完成。

🍞 **注意事項**

1. 蔥餡不可提前太久拌合，否則會出水、導致麵包塌陷或有異味。
2. 烘烤前務必確認餡料集中於表面中段，避免蔥汁外流造成底部焦黑。

Part 6 爆品全公開 | 30 款不藏私熱銷配方

墨西哥麵包｜甜香酥脆的童年味

　　墨西哥麵包，是我從業初期便深深著迷的品項。記得當年台灣曾掀起一股墨西哥麵包風潮，專賣店開到哪裡就排隊到哪裡。我便花時間研究它那獨特的咖啡香與酥皮質地，嘗試調整麵糰鬆軟度與表皮甜香的比例。

　　經歷無數次失敗與品評後，我終於創造出一款擁有自家風格的墨西哥麵包，香氣濃郁、酥皮不厚重，剛上市時一度讓我們店外排起長隊。至今仍是許多熟客懷念的經典味道之一。

★ 美味秘訣 ★

　　墨西哥麵包的靈魂在「酥皮與麵體的契合」。咖啡酥皮須乳化均勻，質地要略帶流動感卻不會塌陷，這樣才能在烘烤中呈現出自然裂紋與濃郁香氣。咖啡粉建議選用即溶深焙款，風味較集中且不須過多水分稀釋。麵包體應保持略甜柔軟，以承接酥皮的厚重與甜感。整體比例必須拿捏得當，才能吃到外酥內柔、甜中帶香、不膩不乾的理想口感，是老少皆宜的高人氣麵包。

不藏私配方大公開

材料（11 顆）

麵糰
- 中種法：
  高筋麵粉 235g、水 107ml、全蛋 33g、新鮮酵母 8g
- 本種法：
  高筋麵粉 102g、砂糖 70g、鹽 3.5g、煉乳 7g、冰水 75g、奶油 40g

墨西哥酥皮（咖啡餡）
無鹽奶油 60g（室溫軟化）、糖粉 60g、全蛋 1 顆、低筋麵粉 80g、即溶咖啡粉 1.5 小匙（可溶於少量熱水）

做法

麵糰
1. 將中種法所有材料混合攪拌均勻，發酵 1 至 1.5 小時。
2. 將本種法糖、鹽、煉乳、冰水依序加入已發酵麵糰，攪拌均勻。
3. 加入本種法高筋麵粉，攪拌至九分筋膜（韌度）。
4. 加入奶油，攪拌到能拉出薄膜，按壓後看得到指紋。發酵 20 至 30 分鐘後，分成 11 份備用。

墨西哥酥皮（咖啡餡）
1. 奶油與糖粉打至微發白。
2. 加入蛋液與溶解的咖啡液混合均勻。
3. 拌入低筋麵粉，攪拌均勻後裝入擠花袋備用。
4. 發酵完成後，在麵糰表面擠上螺旋狀咖啡餡。

烘烤
1. 預熱烤箱至 180°C。
2. 烘烤約 15 分鐘，表面金黃酥香即可。

⚠ 注意事項
1. 咖啡餡太稀會下流造成底部焦黑，太濃則不易擠出，須視蛋液量調整。
2. 麵糰表面應完全乾燥才能擠餡，否則影響貼合與表面脆感。

Part 6 爆品全公開｜30 款不藏私熱銷配方

克林姆（卡仕達）麵包｜柔軟香甜的安心味

　　克林姆麵包是許多人從小吃到大的「溫柔系甜點」。它誕生自日本昭和年代的家庭烘焙，將奶油卡士達餡包入鬆軟麵包中，烘烤後保留內餡的柔滑、外皮的彈性，一口咬下滿是奶香與熟悉的幸福感。在我們的版本中，特別強調餡料的細緻滑順與麵糰的濕潤延展性，是一款擁有穩定回購率的經典常備款。

★ 美味秘訣 ★

　　克林姆麵包成功的關鍵在於「餡與皮的比例與質感」。麵糰建議使用雞蛋與牛奶搭配，能增加蛋香與濕潤度；奶油延後加入，可使口感更柔軟持久。卡士達餡冷藏定型後再包入，能避免爆餡或滲出，烘烤後口感仍保有綿密滑順。可依季節變化製作抹茶克林姆、巧克力克林姆、草莓奶霜等延伸版本，深受各年齡層喜愛。

不藏私配方大公開

材料（約 10 至 11 顆）

麵糰

- 中種法：
  高筋麵粉 235g、水 107ml、全蛋 33g、新鮮酵母 8g
- 本種法：
  高筋麵粉 102g、砂糖 70g、鹽 3.5g、煉乳 7g、冰水 75ml、無鹽奶油 40g

卡仕達餡

鮮奶 330g、卡斯達粉 73g、奶油 33g

做法

麵糰

1. 將中種法所有材料混合攪拌均勻，發酵 1 至 1.5 小時。
2. 將本種法糖、鹽、煉乳、冰水依序加入已發酵麵糰，攪拌均勻。
3. 加入本種法高筋麵粉，攪拌至九分筋膜（韌度）。
4. 加入奶油，攪拌到能拉出薄膜，按壓後看得到指紋。發酵 20 至 30 分鐘後，分成 11 份備用。
5. 60g 麵糰包入 30g 內餡，並以擠花袋裝卡仕達醬，在麵包表面裝飾紋樣。

卡仕達餡

1. 鮮奶加入卡斯達粉打勻。
2. 加入 100g 奶油，攪拌至出現光澤。

烘烤

上火 190°C，下火 200°C，烘烤 13 分鐘。（約 7、8 分鐘時關上火，調轉麵包擺向，燜 5、6 分鐘至全熟。）

🍞 注意事項

1. 麵糰若溫度過高會導致餡料變質，建議完全放涼後再包餡。
2. 餡不可過濕，否則易滲出或使底部變塌。
3. 麵包收口處須捏緊，避免烘烤時爆餡。
4. 建議冷藏保存 2 天內食用，回烤或微波加熱食用風味更佳。

克林姆（卡仕達）麵包

第一章　經典款—傳承中的永恆記憶

| Part 6 爆品全公開 | 30 款不藏私熱銷配方

起酥（肉鬆）麵包｜麵包香柔 & 可頌酥脆

起酥麵包是可頌與甜麵包之間的夢幻混種。它不像可頌那樣全酥，但又多了比一般麵包更具層次的口感。每一層酥香都藏在鬆軟麵糰中，入口是奶油香、撕開是層層分明的酥片，非常適合包入卡士達、起司、果醬等餡料，或直接烘烤成「奶酥捲、甜酥條、布丁捲」等延伸產品。

★ 美味秘訣 ★

起酥皮烘烤時會膨脹，烤至六、七分酥時最為美味，烘烤時間若過久會變得太乾，若不夠則會塌陷，所以烘烤大約 15、16 分鐘時就要開始觀察，可以以手觸碰檢查酥脆度。

不藏私配方大公開

材料（約 11 顆）

麵糰
- 中種法：
  高筋麵粉 235g、水 107ml、全蛋 33g、新鮮酵母 8g
- 本種法：
  高筋麵粉 102g、砂糖 70g、鹽 3.5g、煉乳 7g、冰水 75ml、奶油 40g

內餡（肉鬆餡）
肉鬆 200g、沙拉醬 80g、奶油 50g

做法

麵糰
1. 將中種法所有材料混合攪拌均勻，發酵 1 至 1.5 小時
2. 將本種法糖、鹽、煉乳、冰水依序加入已發酵麵糰，攪拌均勻
3. 加入本種法高筋麵粉，攪拌至九分筋膜（韌度）。
4. 加入奶油，攪拌到能拉出薄膜，按壓後看得到指紋。
5. 分成 11 份，擀成長條形，包入 30g 內餡，蓋上市售現成起酥皮。最後發酵一小時，至體積膨脹約二倍。
6. 麵包表面刷上蛋液。

內餡（肉鬆餡）
將肉鬆加入沙拉醬、奶油攪拌均勻。

烘烤
上火 200°C、下火 160°C，烘烤約 18 至 20 分鐘，上色後關上火，再烤至表面金黃酥脆。

> 🍞 **注意事項**
> 起酥麵包最怕烘焙過度表面變黑，留意爐底溫度不可過高，如果有過高問題，可以以多加一層烤盤的方式來改善。

Part 6 爆品全公開 | 30 款不藏私熱銷配方

奶油哈斯麵包 | 歐風軟香 餘韻無窮

哈斯麵包，咀嚼時有自然奶香味，表皮看起來好像很硬實，其實非常柔軟可口，一口咬下香氣撲鼻，餘韻無窮，肯定一口接一口，滿嘴幸福滋味。最近，有家專門販售帝王蟹的高級餐廳特地找上我們，說要用哈斯麵包搭配蟹膏上桌，成為套餐的主食，讓我非常驚喜也非常榮幸。原來，這款看似簡單的歐式麵包，早已憑藉口感與穩定性，悄悄成為眾多餐桌上的「幕後主角」。

★ 美味秘訣 ★

攪拌麵糰時溫度不宜過高，維持室溫 26°C 最佳。發酵時間足夠，麵包才會柔軟，奶香味才會濃郁。

不藏私配方大公開

材料（4 顆）

麵糰
高筋麵粉 625g、砂糖 63g、鹽巴 6g、奶粉 19g、奶香粉 3g、鮮奶油 63g、蛋黃 94g、牛奶 94g、冰水 188ml、新鮮酵母 16g、奶油 63g

做法

麵糰
1. 將所有材料混合揉至表面光滑（不須完全出膜），進行基本發酵 60 至 70 分鐘，至 2 倍大。
2. 發酵完成後分成 4 份，滾圓鬆弛 40 分鐘。
3. 擀成橢圓形後捲起，整型成橢圓形。最後發酵 45 至 50 分鐘。
4. 麵糰表面擦全蛋蛋液，待乾燥後再擦一次蛋液。
5. 以美工刀在麵糰表面劃五道直線。

烘烤
1. 預熱烤箱至上火 170°C，下火 210°C，烘烤 28 分鐘。
2. 表面呈金黃微酥即可。

> **注意事項**
> 麵糰不可發酵過頭，否則切紋會回縮，那就前功盡棄了。

Part 6 爆品全公開 | 30 款不藏私熱銷配方

芋泥麵包 | 綿密香芋爆餡系

芋頭對許多台灣人來說不只是食材,更是一份情感。從傳統芋頭西米露、芋頭酥,到芋泥麵包,都是滿滿的安心滋味。這款芋泥麵包選用大甲芋頭或本地新鮮芋頭,搭配少量奶油與糖炒製出綿密濃郁的芋泥餡,再包入柔軟麵糰中,一咬就爆餡,滑順不膩,是經典又具現代感的「甜麵包新主角」。

★ 美味秘訣 ★

芋泥麵包的關鍵在於餡與皮的濕潤平衡。芋泥餡若水分過少會乾粉,過多則流餡影響成型,因此「炒芋泥」階段至關重要。建議選用大甲芋頭、屏東檳榔心芋或台中白玉芋,甜度與黏性高。添加少量椰漿與煉乳可創造港式芋香,奶粉則提升奶味厚度。冷藏後回烤或微波 10～15 秒,能回復最佳口感。

不藏私配方大公開

材料（11 顆）

麵糰

- 中種法：
  高筋麵粉 235g、水 107ml、全蛋 33g、新鮮酵母 8g
- 本種法：
  高筋麵粉 102g、砂糖 70g、鹽 3.5g、煉乳 7g、冰水 75ml、無鹽奶油 40g

芋泥餡（亦可購買現成芋泥）

- 新鮮芋頭泥 300g（蒸熟壓泥）、奶油 30g、鮮奶 50ml、砂糖 50g（可依喜好甜度調整）、奶粉 15g（增香，可省略）
- 進階版：
  可加椰漿 20ml、煉乳 1 大匙

> **⚠ 注意事項**
> 1. 芋泥餡需完全冷卻後包入，否則易黏手、爆餡。
> 2. 麵糰收口務必捏緊，否則烘烤時易裂開。
> 3. 表面蛋液請薄刷，避免烤色不均。
> 4. 芋泥餡不可過甜，否則會蓋掉天然芋香。

做法

麵糰

1. 將中種法所有材料混合攪拌均勻，發酵 1 至 1.5 小時。
2. 將本種法糖、鹽、煉乳、冰水依序加入已發酵麵糰，攪拌均勻。
3. 加入本種法高筋麵粉，攪拌至九分筋膜（韌度）。
4. 加入奶油，攪拌到能拉出薄膜，按壓後看得到指紋。發酵 20 至 30 分鐘後，分成 11 份備用。

芋泥餡

1. 將芋頭去皮、切塊蒸熟（約 20 分鐘），趁熱壓成泥。
2. 加入糖、奶油、奶粉，小火炒拌至水分略收。
3. 分次加入鮮奶（或椰漿），拌炒至濃稠滑順不黏鍋。
4. 放涼後分成 8 份（每份約 40g），冷藏備用。

包餡與整形

1. 將麵糰壓平、包入一球芋泥餡，收口朝下。
2. 整型前先冷藏降溫 20 分鐘。
3. 將包餡麵團擀成橢圓形，對折再對折，於中央處切一刀（穿透但不切斷麵糰），抓住麵糰頭部穿過切口後拉出，再稍做修飾調整。
4. 二次發酵約 40 分鐘，表面可刷蛋液。

烘烤

預熱烤箱，上火 200°C、下火 190°C，烘烤約 13 分鐘，色澤金黃即可。

| Part 6 爆品全公開 | 30 款不藏私熱銷配方

香蒜金磚麵包｜濃郁蒜香超療癒

　　香蒜麵包是一款簡單卻長年穩坐我們店內銷量前幾名的經典品項。為了追求最佳風味，我特別選用當日現剝的新鮮蒜頭，再搭配法國進口發酵奶油調製成蒜香醬，確保入口即化、香氣濃郁又不嗆鼻。最早推出時，我還特地測試不同麵包底座（如法棍、吐司、奶油餐包）對香蒜醬的吸附與呈現。最後選定以外酥內軟的小法國麵包為基底，蒜醬均勻融入，每口都滿足。這款蒜香四溢的麵包，也成為我們店留住顧客的秘密武器。

★ 美味秘訣 ★

　　蒜泥和巴西里務必要新鮮，同時加入蒜頭粉才能提升香味。麵包出爐後抹醬份量可依個人喜好調整。

不藏私配方大公開

材料（450g/ 條，2 條）

鮮奶吐司麵糰
- 中種法：
  高筋麵粉 250g、新鮮酵母 15g、鮮奶 220g
- 本種：
  高粉筋麵 150g、糖 50g、鹽 10g、奶粉 10g、水 100ml、奶油 50g

巴西里大蒜醬
天然奶油 1000g、雞粉 17g、鹽巴 10g、蒜頭粉 22g、蒜泥（要脫水）100g、巴西里（洋香菜）100g

做法

麵糰
1. 將中種法所有材料混合攪拌均勻，攪拌到能拉出薄膜，按壓後看得到指紋。發酵 1 小時。
2. 依序加入本種法材料混合均勻，揉至六、七分筋膜時加入奶油，打至完全擴張，發酵 20 分鐘。
3. 將麵糰分為 6 份，發酵鬆弛 15 分鐘。
4. 每三等份麵糰做兩次擀捲，取 450g 方形吐司模具，每盒置入 3 條。發酵 50 至 60 分鐘。

巴西里大蒜醬
1. 擠出蒜泥水份。
2. 巴西里洋香菜易含泥砂，須清洗 3 次。
3. 清洗後去梗留葉，以果汁機打成末，瀝乾水份。
4. 將蒜泥、巴西里與天然奶油、雞粉、鹽巴、蒜頭粉混合，攪拌均勻備用。

烘烤
1. 模具加上蓋子，送進烤箱，上火 200°C、下火 210°C，烘烤約 35 分鐘。熟透即可。
2. 切成自己喜好大小，抹上蒜醬。

注意事項
1. 香蒜醬冷凍可保存很久，使用前室溫解凍即可。
2. 其實香蒜醬的使用範圍很廣，不僅限於吐司。

| Part 6 爆品全公開 | 30 款不藏私熱銷配方 |

第二章

流行款｜風靡市場的不敗爆品

聚焦過去十年中引爆銷售的產品，解析其成因與轉化策略，提煉出規律與脈絡。

回顧過去十年，烘焙市場中曾風靡一時的產品，有的像流星般迅速走紅又快速退場，有的則穩穩站穩腳步，成為長銷品項。這些「流行款」，正是結合創新口味、吸睛外型與社群話題的代表作，是我們進入第二階段產品開發的主力核心。

當時我已從「做得好吃」的麵包師傅，轉變為「看懂市場」的開發者。我開始觀察消費者的喜好如何快速變化——從台式甜麵包轉向日式軟歐包；從純手工轉為視覺系；從基本奶油口味到追求跨國文化風味的融合；這些趨勢不只是食物的改變，更是生活美學的轉向。

因此，我決定從市場實驗出發，挑選十多款曾引發團購熱潮或實體搶購熱賣的明星商品，做為這一章的核心：它們有的紅極一時，如「髒髒包」、「韓國 QQ 球」；有的是老品新作，如「布丁蛋糕」經典升級；也有些則因造型或文化意涵爆紅，如「小雞餅」。它們的共同特色是：話題性、記憶點、方便分享，以及能夠迅速被轉發上傳的外觀吸引力。

這一章不是單純食譜堆疊,而是呈現一場市場觀察與實驗紀錄的結果。每一款產品的誕生背後,都有一段創意的火花與顧客的即時回饋。希望這些故事與做法,不僅能為你的產品研發帶來靈感,也成為你與市場連結的一扇窗。

我們不只複製流行,更試圖從中提煉出規律與脈絡,找出「什麼樣的產品能真正走得長久」。這些流行款的背後,其實是一場關於速度、觀察與品牌定位的深度修鍊。

第二章 流行款─風靡市場的不敗爆品

布丁蛋糕經典款

堅果塔

蒜蒜包

韓國麵包 QQ 球

小雞餅

髒髒包

Part 6 爆品全公開｜30 款不藏私熱銷配方

桂圓核桃蛋糕｜養生系送禮首選

　　這款蛋香紮實的台式磅蛋糕是我特別研發給注重養生與健康的消費族群。當時我們投入不少心力，桂圓選用台南東山煙燻桂圓，核桃則選美國進口碎粒，比例經過多次調整，讓蛋糕充滿濃郁的果乾香氣卻不過於甜膩。冷藏後口感更紮實。

　　當桂圓核桃蛋糕正式推出時，沒想到迅速成為店內熱銷商品。不僅深受年長顧客喜愛，許多年輕的消費者也紛紛表示讚賞，還成為熱門的送禮首選，更在節慶時期大幅提升業績，至今仍是我們店裡不可或缺的爆款。

★ 美味秘訣 ★

　　選用東山煙燻桂圓，其特有的木質甜香能大幅提升蛋糕的風味層次。核桃建議先以 150°C 烘烤約 8 分鐘，再切碎拌入蛋糕體中，可去澀並提升堅果香。內餡使用比例建議不超過麵糊總重的 30%，避免沉底與組織變形。若搭配少許養樂多泡軟桂圓，可增添果乾香氣並延長保濕度。

不藏私配方大公開

材料（約 48 顆）

桂圓乾（切碎）300g、養樂多（小罐裝）3 罐、全蛋 8 顆、白砂糖 400g、鹽少許、低筋麵粉 500g、泡打粉 10g、小蘇打粉 5g、生核桃適量。

做法

1. 將材料混合一起煮沸，靜置浸泡 1 小時使入味。
2. 加入桂圓香料，靜置浸泡 1 小時。
3. 加入全蛋、白砂糖、鹽攪拌，打發至發白。
4. 加入低筋麵粉、泡打粉、小蘇打粉，先以慢速攪拌均勻，再快速打發。
5. 加入桂圓乾攪拌均勻。
6. 倒入蛋糕模具中，每顆 40g。（為避免黏缸導致麵糊不均勻，倒出前須先挖缸並攪拌。）
7. 表面撒上生核桃碎粒。

烘烤

1. 預熱烤箱至上火 210°C、下火 150°C，烘烤約 8 分鐘。
2. 調整蛋糕體方向，烤箱溫度改為上火 200°C、下火 170°C，繼續烘烤 27 分鐘。（為使蛋糕膨脹均勻，形狀好看。）

注意事項

1. 泡過養樂多的桂圓務必充分瀝乾，避免麵糊過濕導致蛋糕下陷。
2. 拌入果乾與堅果時，動作需輕柔且快速，避免出筋。
3. 裝模前務必挖缸攪拌均勻，避免桂圓沉底或烘烤不均。
4. 出爐後完全冷卻再包裝，可避免蛋糕回潮、影響口感。

| **Part 6 爆品全公開** | 30 款不藏私熱銷配方

布丁蛋糕經典款｜黃金比例超平衡

　　布丁蛋糕對很多台灣人來說，不只是點心，更是一種文化記憶。尤其是在廟會、拜拜、神明生日這些場合中，它幾乎是「儀式感」的代表甜品。一開始，我並沒有特別看好這個產品，但隨著越來越多客戶在特定時節詢問訂單，我意識到：這個品項也許不是「沒市場」，而是「沒被做好」。

　　我花了幾個月調整配方，把蛋糕體改為改良版戚風，讓它更加細緻柔軟。布丁部分則降低糖度、增加蛋香與奶香，追求「一口下去不膩、三口之後還想吃」的平衡感。結果一試推出，立刻成為長銷產品。

★ 美味秘訣 ★

　　布丁液中加入動物性鮮奶油能提升滑順度與香氣，建議布丁粉溶解後過篩一次，確保口感細緻。蛋糕體採戚風式蛋白打發搭配橘子水，可增加濕潤度與天然清香，使布丁層與蛋糕層融合不搶味。焦糖液最後淋上，能增添甜香層次，是畫龍點睛關鍵。

不藏私配方大公開

材料 (16 個)

蛋糕體

蛋白 500g、砂糖 250g、塔塔粉 10g、鹽 5g、橘子水 150ml、沙拉油 150ml、低筋麵粉 225g、泡打粉 10g、香草粉 5g、蛋黃 250g

布丁液

布丁粉 225g、水 1250ml、動物性鮮奶油 250g

焦糖液

水 1000ml（煮沸）、黑糖 200g、果凍粉 15g

> **⚠ 注意事項**
> 1. 布丁液務必趁熱倒入蛋糕麵糊，才能與蛋糕層貼合不分離。
> 3. 蛋白打發僅需濕性發泡，過頭會導致蛋糕組織粗糙。
> 4. 烤溫調整時須觀察表面上色情況，避免上色過快。
> 5. 焦糖液煮沸時要持續攪拌，以免焦糖結塊或果凍粉黏底影響質地。

做法

蛋糕體
- 蛋白麵糊：
  1. 蛋白、砂糖、塔塔粉混合攪拌，打至濕性發泡備用。
- 蛋黃麵糊：
  2. 蛋低筋麵粉、泡打粉、香草粉混合攪拌，一起過篩。
  3. 將沙拉油與橘子水各 150ml 混合攪拌備用。
  4. 倒入已過篩之混合粉，攪拌成麵糊。
  5. 加入蛋黃 250g，攪拌均勻，打至濕性發酵。
  6. 將蛋白麵糊和蛋黃麵糊混合，攪拌均勻。
  7. 將麵糊均分鋪上烤盤備用。

布丁液
1. 水煮沸後，倒入布丁粉攪拌均勻。
2. 加入鮮奶油，攪拌均勻後過篩，除去結塊顆粒。
3. 趁熱倒入已盛麵糊之模具。

焦糖液
1. 黑糖、果凍粉混合攪拌均勻備用。
2. 水煮沸後，不熄火，倒入前面的混合粉，再煮沸一次。攪拌至水表沒有泡沫為止。

烘烤
1. 烤箱預熱至上火 180°C、下火 110°C。
2. 略為上色後，溫度調整至上火 160°C、下火 110°C，烤 15 分鐘。
3. 蛋糕出爐後淋上焦糖液。

Part 6 爆品全公開 | 30 款不藏私熱銷配方

菠蘿泡芙｜外酥內滑 雙重口感

菠蘿泡芙是我們店內在甜點領域的創新突破，靈感來自結合「台式菠蘿麵包」與「法式泡芙」的雙重口感。一口咬下外層酥香脆裂，內裡奶香滑順，是許多顧客第一次嘗試後便愛不釋口的招牌甜點。尤其那次推出試吃活動後，不到三天就成為門市熱賣冠軍，也讓我們確立了這條「台法混血泡芙」的甜點新路線。

★ 美味秘訣 ★

泡芙皮若煮麵糊時充分乾炒，能確保膨脹時更挺立不扁塌。蛋液須分次加入測試黏稠度，呈現「倒三角滑落」為佳。卡仕達醬加入少量奶油可增加滑順與光澤感；若加入少量鮮奶油可轉為更輕盈口感。搭配脆皮餅乾的酥皮，建議冷藏後再享用，風味更佳。若要升級版本，可灌入抹茶、巧克力或芝麻口味，變化層次。

不藏私配方大公開

材料（30 顆）

泡芙皮
水 73ml、沙拉油 55g、低筋麵粉 50g、全蛋 130g

菠蘿酥皮
奶油 105g、細砂粉 65g、低筋麵粉 130g

卡仕達餡
鮮奶 330g、卡斯達粉 73g、奶油 33g

做法

泡芙皮
1. 水中加入沙拉油煮至大沸。
2. 加入低筋麵粉，攪拌收縮。
3. 一邊攪拌一邊逐顆加入全蛋 130g。
4. 將已完成之半液態泡芙麵糊裝入擠花袋，逐一擠在烤盤上。

菠蘿酥皮
1. 將所有材料放入攪拌缸，慢速攪拌均勻後冷藏兩個鐘頭。
2. 取出加以整型，分成十份，搓成棍狀。
3. 配合泡芙尺寸切成薄片。
4. 將薄片覆蓋在泡芙皮上。

卡仕達餡
1. 鮮奶加入卡斯達粉打勻
2. 加入 100g 奶油，攪拌至出現光澤。
3. 菠蘿泡芙出爐後，待冷卻即可填充內餡。

烘烤
烤箱預熱至 200°C，烤 30 分鐘。（期間勿開爐，以維持泡芙形狀。）

🔖 注意事項

1. 泡芙麵糊濃稠度要掌握好，太稀會塌、太乾則不膨脹。
2. 烘烤過程勿中途開烤箱門，否則泡芙會回縮。
3. 卡仕達醬須待完全冷卻再填入，否則會導致泡芙皮軟化。

Part 6 爆品全公開 ｜ 30 款不藏私熱銷配方

小雞餅｜Q 萌造型送禮王者

「小雞餅」不只是點心，更是充滿童趣與儀式感的送禮品項。靈感來自我和父親兩代人之間的共同記憶，算是我們烘焙世家的傳承之一。（當年父親向一位日本師傅學會製作這款知名點心，再轉授予我。還記得當時父親徹夜手把手教導我，直到凌晨。）

我們設計這款尺寸精緻的甜點，初衷是希望大家在下午茶時間能有個療癒小點心。它小歸小，製作細節可一點也馬虎不得。每顆小巧圓潤的餅皮裡包著滑順香甜的餡料，再透過模具或手工裝飾成萌系小雞，搭配可愛眼睛與小嘴，從外觀到口感都令人忍不住一口接一口。一推出就以其小巧可愛的外型，迅速俘虜了年輕女性與上班族的心，成為團購熱銷榜常客。

★ 美味秘訣 ★

小雞餅最迷人的地方在於「入口即化的餅皮」與「綿密不膩的內餡」。所以製作關鍵重點在麵糰必須搓揉均勻，搓揉得當口感才會好。

不藏私配方大公開

材料（15 隻）

麵糰
全蛋 50 克、糖粉 37 克、煉乳 95 克、碳酸氫鈉 2 克、低筋麵粉 210 克

內餡（任選）
可直接購買市售現成製品，如：烏豆沙、奶黃等，隨個人喜好。

做法

麵糰
1. 全蛋加煉奶拌勻後加入糖粉。
2. 將半量低筋麵粉過篩加入，等麵粉與蛋奶完全融合後，再把剩下的粉拌入，攪拌均勻。
3. 均分成 15 份備用。

造型
1. 取一份餅皮（約 25g），包入內餡（約 15g），搓圓後收口朝下。
2. 粗略捏塑出小雞的脖頸和尖嘴，再用巧克力醬點畫小雞眼睛。

烘烤
放入預熱烤箱，上火 200°C、下火 170°C，烘烤 12 至 13 分鐘，表面呈淡金黃色即可。

🔶 **注意事項**
1. 餅皮不可搓揉過度，以免出筋導致口感變硬。
2. 烘烤溫度不宜過高，以免表面龜裂、造型變形。

Part 6 爆品全公開 | 30 款不藏私熱銷配方

髒髒包｜可可粉沾滿指尖 幸福整點

幾年前，市場上突然流行起一股髒髒包風潮。當時我快速抓住機會，第一時間推出屬於我們店的髒髒包。其獨特的可可風味及外層撒滿濃郁巧克力粉的視覺衝擊，立刻成為市場熱門話題。尤其是身為美安的夥伴商店時，短短一個多月就創下了數百萬的銷售額。我們還趁勢推出多種口味的髒髒包，包含抹茶、草莓、奶茶等，每次新品上市都掀起一波購買熱潮，這次成功的經驗，讓我深刻體會到「速度」與「市場敏感度」的重要性。

★ 美味秘訣 ★

髒髒包的靈魂在於「三重可可體驗」──麵糰中加入可可粉增厚風味、內餡使用甘納許帶來濃潤層次、外層可可粉創造驚艷視覺與口感。甘納許建議前一晚製作並冷藏，使用時半凝固狀最易包入且不易流出。麵糰折層時應快速操作、避免奶油融化影響層次。外層的撒粉不必平均，髒亂感才是視覺關鍵。若製作草莓、抹茶等變化款，只須調整外層粉末與內餡風味，即可輕鬆切入不同族群市場。

不藏私配方大公開

材料（約 6 顆）

麵糰

- 中種法：
  高筋麵粉 200g、水 90ml、全蛋 30g、酵母 9g
- 本種法：
  高筋麵粉 86g、砂糖 43g、鹽 3g、奶粉 9g、水 30ml、奶油 30g、可可粉 30g

甘納許

黑巧克力 100g、鮮奶油 100ml

做法

麵糰

1. 將中種法材料混合攪拌均勻，基本發酵 1 小時。
2. 加入本種法材料攪拌均勻。
3. 加入奶油，攪拌到能拉出薄膜，按壓後看得到指紋。
4. 將麵糰 2500g 壓薄冷凍一晚，隔天放冷藏解凍後，延壓備用。

甘納許

可依個人喜好選擇濃度：

- 高稠度甘納許：巧克力與鮮奶油以 1：1 比例混合攪勻。
- 低稠度甘納許：巧克力與鮮奶油以 1：2 比例混合攪勻。

折層及內餡

1. 將 500g 奶油延壓成薄片，與延壓過的麵糰疊放起來，折成 3 折後延壓 1 次，之後折成 4 折再延壓 1 次，壓到 0.4 公分厚，開片 16×8 公分。
2. 內餡擠入乳酪和巧克力醬（各 10g，可使用市售現成品），折疊後發酵備用。

烘烤

1. 烤箱預熱上火 200°C、下火 200°C，烤 16 分鐘。
2. 麵包體出爐後蘸甘納許醬，撒上可可粉。

🍞 注意事項

1. 可可麵糰不易看出發酵狀態，建議以手感與尺寸確認。
2. 烘烤時若溫度過高易造成底部過焦，須注意時間與位置。
3. 可可粉裝飾應在麵包冷卻後撒上，否則會結塊不均。

| Part 6 爆品全公開 | 30 款不藏私熱銷配方

千層生乳吐司｜層層爆擊的冠軍款

　　注意到大陸社群平台上興起一種「層層撕開」的麵包類型，強調視覺爽感與綿密口感，馬上聯想到：若能結合「生乳」、「分層撕拉」、「打卡視覺」與「家庭分享」等元素，會很有市場。

　　於是迅速開發了千層吐司原型，口感介於丹麥吐司與生吐司之間，兼具香、柔、層次。再搭配簡潔的方形包裝與透明視窗，讓顧客「看得到裡面的層次」。

後來我們又設計出草莓千層、巧克力千層、黑糖千層等系列變化，維持產品的熱度與話題度，形成「一個母體，多款衍生」的系列操作。

★ 美味秘訣 ★

　　製作千層生乳吐司成功與否，夾油的過程非常關鍵，兩者必須溫度、硬度相當。若麵糰溫度高過奶油，則奶油會流失，無法保存在麵糰中；麵糰或奶油太硬，則無法成功夾層和折疊，其中必有一方會斷裂。奶油太硬，油脂一旦斷裂，麵包口感便會不佳；奶油太軟，麵糰太硬，油脂則會流失。

不藏私配方大公開

材料（6 條）

高筋麵粉 500g、牛奶 250ml、全蛋 1 顆、細砂糖 75g、無鹽奶油 60g、酵母 15g、鹽 6g、片裝奶油 250g

做法

1. 所有材料（除片裝奶油外）混合搓揉出七分筋膜（韌度）後，加入無鹽奶油繼續揉至八分筋膜。
2. 室溫下靜置 1 小時，待膨脹、排氣後冷凍 1 至 2 小時。
3. 冷凍後冷藏回溫 1 至 2 小時。
4. 若無市售薄片裝奶油，取 250g 磅裝奶油敲打壓扁成正四方形，大約 0.5 至 0.6 公分厚度。
5. 以擀麵杖將麵糰延壓成奶油片的兩倍大。
6. 將奶油包裹在麵糰裡，三折一次，送冷凍急速降溫 30 至 40 分鐘。
7. 再三折一次，送冷凍急速降溫 30 至 40 分鐘。
8. 再三折一次，送冷凍急速降溫 30 至 40 分鐘。此時總計已有 27 層。
9. 將麵糰延展並切成 9 乘 9 公分大小方塊。（吐司模為 10 乘 10 公分大小）
10. 在溫度 30°C、濕度 80°的條件下靜置發酵 1.5 小時。（一般家庭建議可利用密閉的四方形整理箱，於其內放入一盆 60°至 70°熱水，將麵糰放置在旁邊，而後蓋上箱蓋。）

烘烤

上火 210°C、下火 210°C，烘烤 30 分鐘。

千層生乳吐司

第二章　流行款—風靡市場的不敗爆品

🔔 注意事項

烘烤時間不宜過久，溫度不宜過高，否則奶油過度流失，麵包會太乾。

Part 6 爆品全公開 ｜ 30 款不藏私熱銷配方

韓國麵包 QQ 球 ｜ Q 彈三吃超有趣

　　韓國麵包 QQ 球是我店裡引進潮流產品中最成功的一款。學徒時期吃到這種外酥內 Q、咬起來像麻糬卻又帶麵包香的圓球時，立刻被驚豔到。後來自己經營店面，我不斷嘗試調整配方，做出既 Q 彈又能久放不硬的版本。一推出便造成搶購熱潮，幾乎每天下午就賣光，甚至有顧客打電話預留一打。我常說：「這顆小球，雖然沒餡，卻藏著爆表的療癒力。」它也讓我們店重新吸引到一大批年輕客群。

★ 美味秘訣 ★

　　QQ 球好吃與否關鍵在於揉麵，不足的話膨脹程度不夠；過度的話，球體太過中空，口感亦不佳。

不藏私配方大公開

材料（12 顆）

麻薯粉 160g、高筋麵粉 40g、鹽 2g、奶粉 4g、醬油 2g、全蛋 60g、水 65ml、奶油 40g

做法

1. 將所有材料混合均勻後，加入奶油攪拌 1 至 2 分鐘，微有黏性，分成 12 份。
2. 烤箱上火 200°C、下火 200°C，烤 6 分鐘後噴蒸氣（使表皮變脆）。
3. 上火 200°C、下火 200°C，烤 10 分鐘後噴蒸氣。
4. 上火 200°C、下火 200°C，烤 10 分鐘。（總計烤 26 至 30 分鐘）
5. 最後幾分鐘須留意，烤至表面膨脹並呈金黃即可。

注意事項

1. 麻薯粉與高筋麵粉混合後攪拌不可過度，以免影響膨脹與口感彈性。
2. 烘烤過程中每次噴蒸氣須快速確實，避免爐溫過度下降。若一次烤兩盤，需調整烘焙時間並輪盤以避免上色不均。
3. QQ 球冷卻後建議密封保存，當日食用口感最佳，隔日可回烤恢復彈性。

Part 6 爆品全公開 │ 30 款不藏私熱銷配方

冰心維也納麵包 │ 柔韌帶勁 滿嘴奶油香

維也納麵包是一款「看似簡單，卻藏著匠心」的經典麵包。它擁有細膩鬆軟的口感，入口後奶香溫潤、餘韻綿長，常被形容為「能一口氣吃完兩條也不膩」。我們推出這款麵包後，立即獲得穩定的回購率，甚至有來自日本的商人特地前來試吃並提出合作，想將它引進當地販售。這份肯定，不僅讓我們更加堅信產品品質的重要性，也讓維也納麵包成為我們店內長銷榜上的常青樹。

★ 美味秘訣 ★

美味關鍵在於內餡。選用天然奶油、煉乳，風味較佳，但價格較高，讀者可按個人喜好自行抉擇。

不藏私配方大公開

材料（9 條）

麵糰
- 中種法：
  高筋麵粉 350g、牛奶 100g、水 110ml、酵母 15g、奶油 25g
- 本種法：
  高筋麵粉 150g、砂糖 18g、鹽 9g、水 150g

奶油餡
荷蘭奶油 147g、北海道煉乳 75、砂糖 50

做法

麵糰
1. 將中種法所有材料（奶油除外）混合，揉至麵糰成形。靜置發酵 1 小時。
2. 加入本種法材料攪拌均勻。
3. 加入奶油，攪拌到能拉出薄膜，按壓後看得到指紋。
4. 分割為 9 份，滾圓鬆弛 40 分鐘。
5. 整型成細長條，放入冰箱冷凍降溫 20 至 30 分鐘。
6. 取出麵糰，在其表面以刀劃上八條斜紋（三分之一深度）。
7. 排入烤盤進行最後發酵 40 分鐘。

奶油餡
將所有材料混合，攪拌均勻。

烘烤
1. 預熱烤箱至上火 200°C、下火 170°C。
2. 烘烤約 13 分鐘，至表面呈金黃色。

包餡
將烘烤完成之麵包體，從側面中央割開（不斷開），以擠花袋擠入 30g 內餡。

🍞 **注意事項**
1. 麵糰整型後長度必須足夠。
2. 將麵糰搓揉到延展性恰如其分時，長度大約為 28 公分。
3. 搓揉過與不及都不好，太過的話麵糰變得太細，不足的話麵糰會太粗。
4. 完成整型後必須冷凍降溫，以免過度發酵導致變形，同時也比較容易在麵糰上割劃線條。

冰心維也納麵包

第二章　流行款－風靡市場的不敗爆品

Part 6 爆品全公開 | 30 款不藏私熱銷配方

蒜蒜包｜蒜香濃厚再升級

蒜蒜包是我們近期爆紅的明星產品。靈感來自韓式人氣蒜味餐包，但我們在此基礎上做出升級——外層使用新鮮大蒜與奶油熬煮成香濃蒜醬，內餡則填入滑順乳酪餡，入口即爆漿、濃香撲鼻。這款麵包推出後迅速風靡團購市場，不僅在網路造成話題，還讓不少首次購買的顧客立刻回頭再訂，成功在短時間內躍升為銷售排行榜常勝軍。

★ 美味秘訣 ★

蒜蒜包的靈魂在於「蒜醬濃郁與乳酪滑順的交融」。選用新鮮大蒜能大幅提升香氣層次，並與乳酪產生完美平衡。為了讓蒜醬深入麵包，可在塗抹前用刷子先沾醬再灌入切口，最後將整顆麵包快速滾過剩餘蒜醬，使表皮充分吸附風味。剛出爐時爆漿口感最迷人，是下午茶、宵夜、團購禮盒的首選爆品之一。

不藏私配方大公開

材料（8 顆）

麵糰
法國麵粉 50g、高筋麵粉 450g、細糖 25g、鹽 10g、水 325ml、濕酵母 13g、白油 35g

乳酪餡
乳酪 170g、瑪斯卡崩 50g、細糖 20g

巴西里大蒜醬
天然奶油 1000g、雞粉 17g、鹽巴 10g、蒜頭粉 22g、蒜泥（要脫水）100g、巴西里（洋香菜）100g

🔔 注意事項

1. 蒜醬不可在高溫下煮太久，避免焦化產生苦味。
2. 乳酪餡建議冷藏至稍硬再填入，才不會過早融化導致包覆困難。
3. 刀劃十字要夠深才能吸附蒜醬但不可切穿底部。

做法

麵糰
1. 將所有材料（奶油除外）混合揉至成團，加入奶油繼續揉至光滑可拉膜。
2. 基本發酵 60 分鐘，至 2 倍大。
3. 將麵糰分割成 8 份，滾圓、鬆弛 10 分鐘，整型成圓形小球，進行第二次發酵 40 分鐘。

乳酪餡
1. 奶油乳酪室溫軟化後加入細糖粉與馬斯卡蹦乳酪，拌勻至滑順。
2. 分裝成團冷藏備用，方便包入。

巴西里大蒜醬
1. 擠出蒜泥水份。
2. 巴西里洋香菜易含泥砂，須清洗 3 次。
3. 清洗後去梗留葉，以果汁機打成末，瀝乾水份。
4. 將蒜泥、巴西里與天然奶油、雞粉、鹽巴、蒜頭粉混合，攪拌均勻備用。

組裝與烘烤
1. 烤箱預熱至 180°C，烘烤約 15 至 18 分鐘至表面金黃。
2. 烘烤後在麵包表面用刀劃上十字，但不切斷底部、不挖空中心。
3. 填入乳酪餡，撐開十字將蒜醬均勻塗抹表面與內部裂縫。

Part 6 爆品全公開 | 30 款不藏私熱銷配方

堅果塔 | 酥脆塔皮 × 滿滿堅果

堅果塔（夏威夷豆塔）一直是我們店裡的人氣甜點，而我正在積極將這款明星商品推向更高層次，朝向「高端伴手禮系列」邁進。新系列將採用更精緻的包裝設計，結合進口頂級夏威夷豆與市售蔓越莓乾等，打造出每一口都令人驚豔的質感點心。不僅要好吃，更要讓人一眼就感受到它的「禮品價值」。這是我對品質的堅持，也希望讓堅果塔成為節慶與伴手禮市場的新寵兒。

★ 美味秘訣 ★

　　頂級堅果的香氣是堅果塔的靈魂。建議所有堅果先低溫烘烤一遍，逼出油脂香氣再加入焦糖餡。焦糖醬中加入龍眼蜜不僅能提升黏著力，也讓整體口感更潤澤、不黏牙。內餡填入時可搭配幾顆完整果仁堆疊表面，視覺效果更佳。冷藏後更容易定型，食用前稍回溫，才能感受到堅果的完整酥香與焦糖的滑潤融合。建議搭配單包裝或透明蓋禮盒，能直觀呈現精緻與尊貴。

不藏私配方大公開

材料（8 個）

塔皮
讀者可直接選購市售塔皮，目前台灣有相當多選項。

填料
砂糖 10g、鹽 1g、85% 麥芽 5g、水 5ml、龍眼蜜 12g、奶油 5g、夏威夷豆 110g、蔓越莓乾 12g

做法

填料
1. 所有堅果先以 110°C 烘烤 30 分鐘至香氣釋出。
2. 將砂糖、鹽、85% 麥芽、水混合後煮沸。
3. 將龍眼蜜、奶油混合融化後，攪拌均勻。
4. 加入夏威夷豆、蔓越莓乾。

烘烤
1. 烤箱預熱至 180°C，市售塔皮使用前先烤 18 至 20 分鐘，靜置冷卻
2. 填入餡料。

🔸 **注意事項**

材料攪拌務求均勻，否則糖漿沉積塔皮底部，堅果、果乾會因未包裹足夠糖漿而口感太乾，乾溼不均，影響堅果塔美味度。

Part 6 爆品全公開｜30 款不藏私熱銷配方

>>>>> 第三章 <<<<<

未來款｜下一波熱潮的創味研發

真正的創新不是為了驚豔一時，而是為了預見下一個需求。引領未來的味道，正是我的使命。

我而言，「未來款」並不是憑空想像的天馬行空，而是深思熟慮後的實驗設計，是從顧客行為、風味趨勢與產品生命週期三者交會處，開出的一朵花。

這一章的每一款產品，都是我團隊與我近年來投注大量心力測試與試賣的成果——我們關注的是「什麼樣的產品會在未來 1～3 年內爆紅」，並非只是「現在看起來很新奇」。

舉例來說，我們預測「情緒性甜點」會成為下一波風潮：像是能療癒人心的「布丁蛋糕可麗露」、開啟甜蜜戀情的「難哄草莓蛋糕」、造型討喜又富文化意涵的「招財貓雙餅堡」；這些甜點的共通點，是不僅好吃，更具備「情緒價值」與「分享吸引力」。

此外，我們也鎖定天然素材、在地風味與節氣感的融合，例如選用斑蘭、芒果、地瓜、檸檬、年糕等在地食材，將傳統口味轉化為創新

型商品,創造一種「熟悉又驚喜」的味覺體驗。

這些產品目前大多仍在測試期或小量生產階段,但我已經看到顧客的眼睛發亮、社群的自然擴散、以及試吃後的「立刻加購」反應。我相信,這些未來款,會是下一波爆品的種子——只要你也有興趣提早種下它們,一起收穫那場即將到來的熱潮。

「未來款」的開發,絕不是押寶式的碰碰運氣,而是一場耐心的等待與不斷修正的實驗。我們做的不只是甜點,更是一種「對消費者五感與情緒反應的設計」。從預購回饋、社群反應到實體販售數據,每一次測試,都讓我更接近那個「會紅的未來輪廓」。

布丁蛋糕可麗露	 斑蘭蛋糕	 難哄草莓蛋糕
 貓爪烤年糕	 招財貓雙餅堡	 芒果荷包蛋蛋糕

第三章 未來款 下一波熱潮的創味研發

| **Part 6 爆品全公開** | 30 款不藏私熱銷配方

布丁蛋糕可麗露｜傳統創新 混搭風尚

　　這款甜點，是我對「童年記憶」與「國際經典」的致敬。靈感源自台灣的雞蛋布丁與法式可麗露，我們在原本酥脆外殼、濕潤內裡的基礎上，將內餡調整為布丁風味，融合香草與蛋奶的熟悉甜味，入口即化，甜而不膩。焦糖般的酥皮則完美包裹整體，吃一口就能感受到兩種文化的交融。這款產品一推出，不僅吸引年輕人分享打卡，也讓許多大人說：「這不就是我小時候最愛吃的布丁嗎？」是經典與創新的美味對話。

★ 美味秘訣 ★

　　布丁蛋糕可麗露的關鍵在於「熟成、溫度、時間」。熟成 24 小時後的麵糊水粉融合更均勻，烤出來內餡才會如布丁般綿密滑順。牛奶與鮮奶油比例接近台式布丁的蛋奶香，風味層次豐富。冷卻後食用風味最佳，亦可冷藏後再稍微回溫，維持酥脆與滑嫩的完美平衡。這款甜點可包裝為單顆禮盒，也適合精緻伴手禮系列。

不藏私配方大公開

材料（30 顆）

蛋糕體
愛樂薇發酵奶油（軟化）125g、沙拉油 125g、牛奶 50g、愛樂薇動物性鮮奶油 50g、全蛋（常溫）350g、華爾滋蛋糕粉 500g

焦糖醬
砂糖 500g、海鹽 7g、愛樂薇發酵奶油（軟化）125g、愛樂薇動物性鮮奶油 125g、水 150ml

糖霜
馬卡龍專用糖粉 560g、水 112ml

做法

蛋糕體
1. 將牛奶、動物性鮮奶油、全蛋混合攪拌均勻，加溫至 30°C 備用。
2. 將愛樂薇發酵奶油室溫軟化後，匯入所有材料，中速攪拌 3 分鐘。
3. 將灌入可麗露模具中，每個 40g。

焦糖醬
1. 發酵奶油、鮮奶油和水混合攪拌均勻。
2. 加入砂糖、海鹽，煮至沸騰備用。

糖霜
馬卡龍專用糖粉加水拌勻。

烘烤
1. 預熱烤箱至上火 180°C、下火 180°C，約烤 18 分鐘。
2. 待蛋糕體冷卻後，抹上焦糖醬，最後撒上糖霜即大功告成。

注意事項
注意掌控煮焦糖醬的時間，過久會產生苦味。

Part 6 爆品全公開 | 30 款不藏私熱銷配方

斑蘭蛋糕｜南洋風味 綠色魅力

斑蘭是一種東南亞特有的熱帶植物，它所提煉出的獨特香氣與綠色天然色澤，近年在國際市場掀起熱潮。當我第一次品嚐到這種充滿異國風情的蛋糕時，我就認定這會是下一個爆款。我特別將傳統的大型斑蘭蛋糕改成小巧的單人份，每盒三個，精緻且方便攜帶，特別適合年輕消費族群與團購市場。當產品還在試作階段，就已經獲得不少試吃者熱烈好評，讓我對這款產品充滿信心。

★ 美味秘訣 ★

使用斑蘭葉醬時，建議搭配椰奶或鮮奶油中和香氣，避免過重刺激。蛋糕可用磅蛋糕模或瑪德蓮模製作小份分裝，烘烤均勻。配色鮮綠具辨識度，進階可灑椰絲或佐小紅豆泥平衡口感，提升異國風味接受度。

不藏私配方大公開

材料（32 顆）

蛋糕體
愛樂薇發酵奶油（軟化）83g、沙拉油 83g、牛奶 33g、愛樂薇動物性鮮奶油 33g、全蛋（常溫）233g、華爾滋蛋糕粉 333g、斑蘭香精 10g

斑蘭巧克力
白巧克力 86g、沙拉油 13g、斑斕香精 1.6g

做法

蛋糕體
將所有材料混合攪拌均勻後，裝擠花袋擠入噴油處理過之甜甜圈蛋糕模中，每個約 25g。（若使用攪拌機，中速約 3 分鐘。）

斑蘭巧克力
將所有材料混合攪拌均勻備用。

烘烤
1. 烤箱預熱，上火 180°C、下火 180°C，烤 12 分鐘。
2. 蛋糕體出爐後，蘸上斑蘭巧克力醬，而後冷凍凝固即大功告成。

🔔 注意事項
1. 斑蘭醬易因濃度高造成苦味，建議從少量開始調整。
2. 模具不可填滿超過 8 分，避免爆模。

| **Part 6 爆品全公開** | 30 款不藏私熱銷配方

麻糬地瓜燒｜細緻綿密 懷舊新吃

　　近年來，健康飲食風潮興起，許多人開始注重食品的營養價值與自然風味。於是我將台灣人熟悉的地瓜作為主角，研發出一款名為「地瓜燒」的小點心。地瓜燒的外皮酥脆香甜，內餡則是採用新鮮地瓜製作，口感細緻綿密，帶有濃郁的天然甜味，不添加多餘的糖分，滿足現代人追求健康美味的需求。我相信這樣一個既健康又能勾起童年回憶的產品，未來一定能成為深受歡迎的明星商品。

★ 美味秘訣 ★

　　冰過的地瓜餡口感較佳。選擇優質地瓜餡與麻糬比較契合。

不藏私配方大公開

材料（34 顆）

麻糬
德麥新韓國麵包粉 550g、愛樂薇發酵奶油 85g、全蛋 150g、水 175ml、黑芝麻 30g、醬油 10g、奶粉 10g

地瓜餡
購買市售現成製品

做法

麻糬
1. 將韓國麵包粉，加入全蛋、水、醬油、奶粉，攪拌成團。
2. 加入奶油、黑芝麻，攪拌至稍有黏性即可。
3. 分割麵糰，30g 一顆。

烘烤
烤箱預熱，上火 200°C、下火 200°C，烘烤約 35 分鐘，冷卻後切開灌入 20g 地瓜餡。

🔔 注意事項

1. 餡料若未冷卻會使皮層受潮開裂。
2. 地瓜泥須完全瀝乾，否則影響內部成型與風味穩定性。
3. 麻糬的攪拌時間必須掌控好，太久會導致體積過大，不足則太小。

| **Part 6 爆品全公開** | 30 款不藏私熱銷配方

難哄草莓蛋糕｜戀愛告白限定版

　　Netflix 熱播劇《難哄》中的經典畫面——男主嘴硬地說是「隨手買的」草莓蛋糕，卻默默將「笑臉那一側」留給女主，這分藏在日常裡的貼心舉動，讓無數觀眾瞬間淪陷。這款蛋糕靈感來自那一幕浪漫情節，選用台灣當季草莓，搭配細緻戚風與柔滑草莓奶霜，外觀粉嫩、入口酸甜。這不是隨手買的，而是專為心動而生的告白蛋糕。

★ 美味秘訣 ★

　　選用內餡食材務必新鮮，才能製造出好的口感。加上蛋糕體外所繪笑臉標記，情緒價值立刻拉滿。因此建議草莓選用當季的大湖草莓，在地的新鮮食材會比進口的好。

不藏私配方大公開

材料（6 顆 6 吋）

蛋糕體

蛋白 500g、砂糖 250g、橘子水 150ml、沙拉油 150ml、低筋麵粉 225g、泡打粉 10g、香草粉 5g、蛋黃 250g、塔塔粉 10g、鹽 5g

做法

蛋糕體

1. 蛋白打至濕性發酵。
2. 低筋麵粉、泡打粉、香草粉混合攪拌，一起過篩。
3. 將沙拉油與橘子水混合攪拌備用。
4. 將已過篩之混合粉加入沙拉油與橘子水混合，液中，攪拌成團。
5. 加入蛋黃 250g，攪拌均勻，打至濕性發酵，倒入模具。

烘烤

1. 烤箱預熱至上火 150°C、下火 150°C，烤 45 至 50 分鐘。
2. 出爐前檢查一下，若有膨脹現象，以木籤戳蛋糕體，將底部熱空氣釋出，再烤一下，以避免蛋糕塌餡。
3. 冷凍降溫。

組裝

1. 鮮奶油打發備用。
2. 將模具倒扣取出蛋糕體，冷凍降溫。
3. 蛋糕體橫切兩刀成三等份：先由底部第一、二層間兩面均抹上鮮奶油（以利餡料黏著，不易滑脫），中間再層抹芋泥 40 至 50g，再於第二、三層間兩面抹上鮮奶油，中間鋪上一層布丁。
4. 於蛋糕體外表均勻抹上鮮奶油。以巧克力醬畫上笑臉。
5. 草莓蘋果膠（購買市面現成製品），放置蛋糕頂部，並撒糖粉。

注意事項

決定這款蛋糕優劣的關鍵在於食材新鮮度，建議盡量以台灣自產的農產品為優先考量。

| Part 6 爆品全公開 | 30 款不藏私熱銷配方

招財貓雙餅堡｜可愛造型財運到

這款點心靈感來自日式招財貓的討喜形象，我將這份「招福、納財」的寓意融入甜點，設計出這款「招財貓雙餅堡」。使用濃郁奶香餅乾與滑順奶油夾心，手工壓模成圓圓胖胖的貓臉造型，不僅外型吸睛，也充滿吉祥寓意。試賣期間深受喜愛，尤其是過年與開工季節，常常被搶購一空。它既可愛又好吃，是兼具祝福與療癒的送禮首選。

★ 美味秘訣 ★

鬆餅堡美味關鍵在於鬆餅皮烘烤時間，時間如果不足會影響口感，鬆餅會變成發糕。這款鬆餅是可做各種配搭的絕佳基本食材，可以完全隨個人喜好自由發揮。

不藏私配方大公開

材料（約 10 個）

鬆餅皮
金牌達人鬆餅粉 200g、牛奶 100g、全蛋 100g、奶油 5g

做法

鬆餅皮
1. 將鬆餅粉、牛奶、全蛋混合攪拌成麵糊狀。
2. 加入奶油攪拌均勻，室溫靜置半小時。
3. 以擠花袋將麵糊擠入圓形模具中。

烘烤
1. 預熱烤箱上火 200°C、下火 220，烘烤約 8 分鐘，至邊緣微金黃。
2. 於鬆餅上烙印招財貓圖案（市面有現成烙印模可選購，可隨個人喜好更換圖案。），放涼備用。
3. 隨個人喜好，可以單純淋上蜂蜜，或夾入果醬、奶油、芋泥……各式內餡。

🍞 **注意事項**
留意烤箱溫度，避免烤焦。

招財貓雙餅堡

第三章　未來款　下一波熱潮的創味研發

Part 6 爆品全公開 | 30 款不藏私熱銷配方

芒果荷包蛋蛋糕｜夏日甜心 美少女最愛

台灣夏季最具代表性的水果非芒果莫屬。於是我設計這款「芒果系列蛋糕」，想讓它成為「一入口就知道是夏天」的產品。選用新鮮愛文芒果製成果泥與丁塊，搭配蛋香與牛奶基底製成戚風蛋糕體。

這款蛋糕一推出，就成為我們夏季團購與冷藏快閃主力，也受到親子客群與百貨夏日活動熱烈響應。它的成功告訴我：季節限定 × 本土水果 × 輕甜口感 是夏季產品的重要策略三角。

★ 美味秘訣 ★

芒果泥建議使用市售新鮮果泥。完成後冷藏至少 4 小時讓香氣融合、結構穩定。可搭配芒果奶霜製作夏季限定禮盒。

不藏私配方大公開

材料（8個）

蛋糕體

蛋白 500g、砂糖 250g、橘子水 150ml、沙拉油 150ml、低筋麵粉 225g、泡打粉 10g、香草粉 5g、蛋黃 250g 塔塔粉 10g、鹽 5g、布丁粉 450g、水 2500ml、動物性鮮奶油 500g

乳酪餡

乳酪 200g、吉利丁片 3 片 (7.5g)、無糖鮮奶油 150g、植物鮮奶油 500g

芒果餡

果泥（芒果）120g、熱水 120ml、鮮奶油（無糖）100g、砂糖 50g、土芒果香料 10g

> **注意事項**
> 1. 蛋白打發過頭或攪拌不均都會導致蛋糕縮腰或濕塌。
> 2. 容器不必侷限於方形，可隨個人喜好選擇模具。

做法

蛋糕體
1. 蛋白打至濕性發酵。
2. 低筋麵粉、泡打粉、香草粉混合攪拌，一起過篩。
3. 將沙拉油與橘子水混合攪拌備用。
4. 將已過篩之混合粉加入沙拉油與橘子水混合液中，攪拌成團。
5. 加入蛋黃 250g，攪拌均勻，打至濕性發酵。

乳酪餡
1. 吉利丁放入熱水中泡軟備用。
2. 無糖鮮奶油和植物鮮奶油混合，攪拌均勻。
3. 加入吉利丁攪拌均勻。

芒果餡
1. 吉利丁放入熱水中泡軟備用。
2. 果泥、鮮奶油、砂糖、土芒果香料混合後，倒入熱水加熱攪拌，趁熱加入吉利丁攪拌均勻。

烘烤
1. 烤箱預熱至上火 180°C、下火 110°C。
2. 略為上色後，溫度調整至上火 160°C、下火 110°C，烤 15 分鐘。

組裝
1. 在模具最底層放入第一層蛋糕體
2. 以擠花袋加上一層乳酪慕斯，均勻抹平。
3. 再放入一層蛋糕，抹上芒果果泥。
4. 再覆上一層蛋糕。於表面以乳酪餡均勻塗抹成蛋白。
5. 靜置待慕斯凝固後，放置蛋黃。以模具裝入芒果泥，做成圓形蛋黃。

Part 6 爆品全公開 | 30 款不藏私熱銷配方

檸檬布蕾堡｜脆滑酸甜 陽光在裡面

　　靈感源自法式焦糖布蕾與夏季清新的檸檬塔，我將這兩種風味融合成一款兼具口感與視覺衝擊的甜點麵包——檸檬布蕾堡。底層是微酥的牛奶麵包體，內餡藏著酸甜滑順的檸檬卡士達醬，最上層則撒上細糖炙燒至金黃脆皮，一口咬下外脆內柔，清新不膩，冰涼後食用風味更佳。夏季推出後迅速成為熱門打卡甜點。

★ 美味秘訣 ★

選用食材好壞決定成品品質，好的食材才能襯托出布蕾堡的風味。

不藏私配方大公開

材料（34 顆）

球體（麻糬）
德麥新韓國麵包粉 550g、愛樂薇發酵奶油 85g、全蛋 150g、水 175ml、黑芝麻 30g、醬油 10g、奶粉 10g

內餡
焦糖布蕾粉 100g、愛樂薇動物性鮮奶油 300g、四葉特選鮮乳 200g、卡士達粉 27g、玉米粉 10g、洋基 184 起司片 20g、德麥檸檬醬 200g

做法

球體（麻糬）
1. 將韓國麵包粉，加入全蛋、水、醬油、奶粉，攪拌成團。
2. 加入奶油、黑芝麻，攪拌至稍有黏性即可。
3. 分割麵糰，30g 一顆。

內餡
1. 將焦糖布蕾粉、鮮奶油、鮮乳、卡士達粉和玉米粉混合，一起煮滾。
2. 加入起司片，攪拌均勻備用。
3. 以 2：1 比例加入檸檬醬。

烘烤
上火 200°C、下火 200°C，烘烤約 35 分鐘，冷卻後切開灌入 20g 檸檬內餡。

🥖 **注意事項**

麻糬球體切除比例稍微高一些，30% 到 40%，比較方便入餡。

Part 6 爆品全公開 ｜ 30 款不藏私熱銷配方

爆漿菠蘿餐包 ｜一口咬下，爆出幸福！

　　這款爆漿菠蘿餐包是我將「經典」與「驚喜」融合後的甜點麵包。外層沿用經典港式菠蘿酥皮，酥香鬆化；內層則注入滑順香濃的卡士達餡、奶油餡，一咬就爆漿，甜香滿溢。無論是熱食或冷藏後再微波加熱，皆擁有驚人的療癒力。它不只是麵包，更是一份會讓人「想馬上分享的口感記憶」。

★ 美味秘訣 ★

　　爆漿菠蘿餐包的關鍵在於「三重層次」：外層香酥鬆化的菠蘿皮、中層柔軟富彈性的麵包體，以及核心香滑濃郁的卡士達餡。麵糰結合高低筋比例可兼顧支撐與柔潤口感，加入全蛋與牛奶讓組織更綿密。酥皮選用糖粉而非砂糖，能帶來入口即化的效果。卡士達餡若添加少量椰漿與煉乳，可變身為港式奶黃風，提升層次。擠餡時保持冷藏狀態，包體不會濕塌，且擠入後仍能維持爆漿感，是消費者最期待的一口驚喜。

🔔 注意事項

1. 菠蘿皮不可過厚，否則影響麵包膨脹與口感。
2. 卡仕達餡須完全冷卻後擠入，否則會導致麵包軟塌或爆裂。
3. 出爐後放涼才能擠餡，否則餡料易因餘溫而化開。

不藏私配方大公開

材料（22 顆）

麵包體

- 中種法：
  高筋麵粉 470g、水 215ml、全蛋 66g、新鮮酵母 16g
- 本種法：
  高筋麵粉 205g、砂糖 140g、鹽 7g、煉乳 14g、冰水 150ml、無鹽奶油 80g

菠蘿皮

糖粉 180g、無鹽奶油 220g（室溫軟化）、雞蛋 72g、低筋麵粉 300g

內餡

- 卡仕達餡基底：
  卡仕達粉 37g、鮮奶 167g、奶油 17g
- 奶油餡：
  奶油 17g、果糖 3g

做法

麵包體

1. 將中種法所有材料混合攪拌均勻，中間發酵 1 至 1.5 小時。
2. 將本種法糖、鹽、煉乳、冰水依序加入已發酵麵糰，攪拌均勻。
3. 加入本種法高筋麵粉，攪拌至九分筋膜（韌度）。
4. 加入奶油，攪拌到能拉出薄膜，按壓後看得到指紋。發酵 20 至 30 分鐘後，分成 22 份備用。

菠蘿皮

1. 糖粉加入奶油，打至略微發白。
2. 加入雞蛋，攪拌均勻。
3. 加入高筋麵粉，攪拌均勻。
4. 分割成 22 份，壓扁成圓片，於上壓印格紋。（市面有現成模具）
5. 發酵 30 至 40 分鐘。
6. 發酵後塗蛋黃。

內餡

- 卡仕達餡基底：
  1. 鮮奶加入卡斯達粉打勻
  2. 加入 100g 奶油，攪拌至出現光澤。
- 奶油餡：
  1. 將奶油及果糖混合攪拌均勻。
  2. 以 1:2 比例與卡仕達基底內餡混合攪拌均勻。

烘烤

1. 將菠蘿皮覆蓋在麵糰上，烤箱設定上火 200°C、下火 190°C，烘烤 12 至 13 分鐘，至表面金黃酥脆即可。
2. 與甜麵糰做法同：分割麵糰 30g，菠蘿酥皮 15g，上火 200°、下火 190°烤 8、9 分鐘，灌入卡仕達餡與奶油 1:1 拌勻的爆漿餡。

| **Part 6 爆品全公開** | 30 款不藏私熱銷配方

肉鬆芋泥蛋糕｜鹹甜混合 豐富滋味

　　這款蛋糕的靈感來自小時候生日會上的「鹹蛋糕」記憶，那時的蛋糕總會抹上一層鹹香的肉鬆與奶油，再配上柔軟的海綿體，入口即是熟悉的台灣味。多年後，我嘗試加入自己最愛的芋泥餡，讓它從傳統味進化為全新風格。綿密的芋泥、鹹香的肉鬆與輕柔蛋糕互相呼應，既是回憶，也是創新。這是一款讓人一口驚豔、越吃越愛的經典升級版。

★ 美味秘訣 ★

　　芋泥與鮮奶油的比例不要超過 1：1，避免口感過膩。肉鬆選用帶甜味的鬆散型，更能與芋泥融合。橘子水則是畫龍點睛的隱藏元素，能增添蛋糕的清香層次。

不藏私配方大公開

材料（4 吋 8 顆）

蛋糕體

蛋白 500g、砂糖 250g、橘子水 150ml、沙拉油 150ml、低筋麵粉 225g、泡打粉 10g、香草粉 5g、蛋黃 250g、塔塔粉 10g、鹽 5g

做法

蛋糕體

1. 蛋白打至濕性發酵。
2. 低筋麵粉、泡打粉、香草粉混合攪拌，一起過篩。
3. 將沙拉油與橘子水混合攪拌備用。
4. 將已過篩之混合粉加入沙拉油與橘子水混合液中，攪拌成團。
5. 加入蛋黃 250g，攪拌均勻，打至濕性發酵

烘烤

1. 烤箱預熱至上火 150°C、下火 150°C，烤 40 至 45 分鐘。
2. 出爐前以木籤戳蛋糕體，檢查一下內部是否熟透。
3. 冷凍降溫。

組裝

1. 鮮奶油打發備用。
2. 將模具倒扣取出蛋糕體，橫切成二層，於二層內面均抹上鮮奶油，中間抹一層芋泥（購買市面現成製品），而後兩層蛋糕體合併。
3. 於蛋糕體外表均勻抹上鮮奶油，包覆肉鬆（購買市面現成製品）。

🛎 注意事項

1. 烘烤時務必確認蛋糕體內部熟透，可用竹籤測試是否無黏附。
2. 組裝時須待蛋糕完全冷卻後再抹餡，避免鮮奶油融化。
3. 肉鬆須在最後一刻鋪上，保持其酥鬆口感不受濕氣影響。

| Part 6 爆品全公開 | 30 款不藏私熱銷配方

貓爪烤年糕｜皇阿瑪足跡，萌到心坎裡

靈感來自韓國烤年糕與日系甜點的可愛設計，我們開發了這款「貓爪烤年糕」。將傳統年糕做出微酥外皮與柔Q內裡，再加入奶香與黃油香氣，透過貓爪造型模具烘烤後，外型可愛、口感驚喜。剛出爐時帶有酥脆表皮，冷卻後則Q彈滑潤，是孩子最愛的造型點心，也是大人茶點時光的溫暖陪伴。簡單材料、輕鬆操作，是親子同樂與療癒商品的首選。

★ 美味秘訣 ★

貓爪烤年糕的靈魂在於「外酥內Q」的質地轉換。使用黃油年糕粉可簡化製程、保留彈性，搭配無鹽奶油與沙拉油混合，讓表面更易上色、外皮略脆不乾。牛奶與水的比例讓內部濕潤、不黏牙。若想增加風味層次，可加入少許香草精、抹茶粉或加入小塊乳酪夾心製作升級版。脫模後建議放涼、回烤或熱壓一次，更能表現外層酥感。這款甜點特別適合搭配熱紅茶或豆漿，無論冷吃熱吃都有不同驚喜。

不藏私配方大公開

材料（約 8 至 10 顆）

黃油年糕預拌粉 300g、無鹽奶油 36g（亦可用發酵奶油）、沙拉油 18g、水 120ml、牛奶 180ml

做法

1. 將奶油與沙拉油混合加熱至溶解，稍放涼備用。
2. 混合液中加入牛奶、水攪拌均勻。
3. 將年糕預拌粉加入液體材料中，混合攪拌至滑順不稀、無粉的麵糊狀態。
4. 以擠花袋將麵糊倒入貓爪模具中，約八分滿。輕震模具釋出氣泡。

烘烤

1. 烤盤塗奶油或噴烤盤油。
2. 預熱烤箱至 180°C，烘烤約 25 至 28 分鐘。表面略金黃即可。
3. 出爐後靜置放涼約 5 至 10 分鐘後脫模。
4. 預熱烤箱上火 180°C、下火 230°C 烤 25 分鐘。

🔔 注意事項

1. 麵糊不可過稀，否則模具難成形；過稠則會硬實無彈性。
2. 烘烤時間視模具材質略調整（矽膠模建議延長 2 至 3 分鐘）。
3. 奶油與沙拉油請先融化均勻，否則會形成油水分離。
4. 烤好後務必稍微放涼再脫模，避免扯裂可愛的貓爪造型。

烘焙職人系列 051

創局
從揉麵糰的學徒到烘焙銷售王，打造永恆的爆品、可複製的創業致勝秘訣

作　　者／劉俊男
選　　書／梁志君
主　　編／梁志君
特約編輯／唐岱蘭

行銷經理／王維君
業務經理／羅越華
總 編 輯／林小鈴
發 行 人／何飛鵬
出　　版／原水文化
　　　　　台北市南港區昆陽街16號4樓
　　　　　電話：02-2500-7008　傳真：02-2500-7579
　　　　　E-mail：H2O@cite.com.tw
發　　行／英屬蓋曼群島商家庭傳媒股份有限公司城邦分公司
　　　　　台北市南港區昆陽街16號8樓
　　　　　書虫客服服務專線：02-2500-7718；02-2500-7719
　　　　　24小時傳真專線：02-2500-1990；02-2500-1991
　　　　　服務時間：週一至週五上午09:30-12:00；下午13:30-17:00
　　　　　讀者服務信箱E-mail：service@readingclub.com.tw
劃撥帳號／19863813　戶名：書虫股份有限公司
香港發行／城邦（香港）出版集團有限公司
　　　　　香港九龍土瓜灣土瓜灣道86號順聯工業大廈6樓A室
　　　　　電話：(852) 2508-6231　傳真：(852) 2578-9337
　　　　　電郵：hkcite@biznetvigator.com
馬新發行／城邦（馬新）出版集團
　　　　　41, Jalan Radin Anum, Bandar Baru Sri Petaling,
　　　　　57000 Kuala Lumpur, Malaysia.
　　　　　電話：603-905-63833　傳真：603-905-76622
　　　　　電郵：service@cite.my

美術設計／許盈珠、張曉君
攝　　影／林宗億
製版印刷／科億資訊科技有限公司
初　　版／2025年8月14日
定　　價／550元

ISBN 978-626-7521-78-6（平裝）
ISBN 978-626-7521-77-9（EPUB）
有著作權・翻印必究（缺頁或破損請寄回更換）

國家圖書館出版品預行編目資料

創局：從揉麵糰的學徒到烘焙銷售王，打造永恆的爆品、可複製的創業致勝秘訣/劉俊男作. -- 初版. -- 臺北市：原水文化出版：英屬蓋曼群島商家庭傳媒股份有限公司城邦分公司發行, 2025.08
　面；　公分
ISBN 978-626-7521-78-6（平裝）

1.CST: 糕餅業　2.CST: 創業　3.CST: 點心食譜

481.3　　　　　　　　　　　114009972